U0772679

哲学对话录

[法] 欧内斯特·勒南　著

徐梦　译

Ernest Renan
Dialogues Philosophiques

海天出版社（中国·深圳）

图书在版编目（CIP）数据

哲学对话录 ／ （法）欧内斯特·勒南著 ；徐梦译.
—— 深圳 ：海天出版社，2018.4
　（大家小译丛）
ISBN 978-7-5507-2365-8

Ⅰ. ①哲… Ⅱ. ①欧… ②徐… Ⅲ. ①哲学－研究
Ⅳ. ①B0

中国版本图书馆CIP数据核字(2018)第044321号

Dialogues philosophiques
Suivi de L'examen de conscience philosophique
Ernest Renan
根据 Paris : Claude Aveline, Éditeur, 1925 译出

哲学对话录
ZHEXUE DUIHUA LU

出 品 人　聂雄前
责 任 编 辑　胡小跃　岑诗楠
责 任 校 对　林凌珠
责 任 技 编　蔡梅琴
封 面 设 计　蒙丹广告

出版发行　海天出版社
地　　址　深圳市彩田南路海天综合大厦（518033）
网　　址　www.htph.com.cn
订购电话　0755-83460239（邮购）　83460397（批发）
设计制作　深圳市龙瀚文化传播有限公司 0755-33133493
印　　刷　深圳市华信图文印务有限公司
开　　本　787mm×1092mm　1/32
印　　张　5.75
字　　数　75千
版　　次　2018年4月第1版
印　　次　2018年4月第1次
定　　价　35.00元

致马塞兰·贝特洛①

不止一次，当我在这书页里重温曾与您畅谈的一些想法，我都会想，这些想法到底属于您，还是属于我。三十年来，我们志趣相投，惺惺相惜，实难在彼此相通的思想中分出个你我，就好比不可能在父母之间分割孩子的四肢一样。有时，某个想法由您播种，却由我浇灌；有时，一个主意先在我脑中发芽，却由您施肥。我对宇宙万物的所有正确看法，我都希望人们把它看作是您的。而在您哲学思想的形成过程中，我也做出了自己的贡献——与之相比，我的其他成就简直不值一提。

---

① 马塞兰·贝特洛（1827—1907），法国化学家，普法战争期间负责巴黎的科学防务，1881年成为参议员，1886年进入内阁，1889年继巴斯德之后担任法国科学院的终身秘书长。（本书注释除有特别标注外，均为译注）

相逢的那年，您十八岁，我二十二岁。我们都没变。平淡的青春，夹杂着总是迅速落空的希望，随后便是充满悲伤的成年岁月。我们因从未犯过的错误而受到惩罚，亲眼目睹法兰西陷入卑劣、愚蠢和无知当中。我们这一代切切实实地被上一代背叛了，我们有权抱怨。每一代都应该向后辈传递他们从长辈那里接手的既有社会秩序。然而，欠我们一个自由国度的父辈，不仅造成了二月的致命溃败，还不顾我们的反对，炮制了那份灾难性的十二月计划。当我们最终屈从，迫不得已地跟随法兰西踏入歧途时，一切都再次崩塌。漫长的五年后，那些自以为是、葬送了我们的前途的政客，才终于承认他们的无能。

好日子终会到来吗？我们的老年是否会像希伯来诗人的暮年一样，欣喜地收获曾在泪水中种下的果实？这是您的夙愿，希望它能实现！我们已一误再误，不能再重蹈覆辙了。如果法兰西再次打出她的同情、自由、尊严这手好牌，世界还会继续爱她；如果法兰西躬先表率，在没有领袖、没有主人的情况下依然保持智慧，它的失败就将比最光辉的胜利更有价值。我多么想见证这一刻，然后心甘情愿地收回我所有凄惨的预言！此时此刻，我们的任务很简单：加倍努力。我浑身上下燃烧着青春和热情的火焰，迫切地想创造新事物。必须让雨果和乔治·桑证明，天才永不衰老。丹纳①、阿布②、福楼拜必须让世人明白，他们迄今为止最好的作品根本还称不上杰作。克洛德·贝纳尔③和巴尔比亚尼④必须发现生命的其他奥秘。你

① 伊波利特·阿道尔夫·丹纳（1828—1893），法国文艺理论家和史学家，历史文化学派的奠基者和领袖人物，他的《艺术哲学》对19世纪的文艺研究有深远的影响。

② 爱德蒙·弗朗索瓦·瓦朗丹·阿布（1828—1885），法国作家、记者、艺术评论家，法兰西学术院院士。

③ 克洛德·贝纳尔（1813—1878），法国医生、心理学家，实证医学创始人。

④ 埃杜阿尔-热拉尔·巴尔比亚尼（1823—1899），法国昆虫学家、胚胎学家。

们必须尝试新的合成，让科学界震惊；必须着手研究原子，看它们是否像人们想象的那样不可分割。必须让每个人都超越自我，让世人这样评价我们："你们的确还是法兰西的儿女：八十年前的'大恐怖'时期，孔多塞①在塞尔旺多尼街的藏身之处等待死亡的时候，写下了《人类精神进步史表纲要》。"

---

① 孔多塞（1743—1794），法国数学家、哲学家，法兰西科学院院士，法国启蒙运动时期最杰出的代表之一，法兰西第一共和国的重要奠基人，后被雅各宾派逮捕，死于监狱。

前　言

本书最重要的部分均于1871年5月在凡尔赛完成。当时，我对眼前发生的各种荒唐事深感痛心，并确信我在巴黎已无用武之地，于是决定在四月份离开。远离书籍和研究的我，利用这段迫不得已的休闲时光来反省自我，对自己的哲学信仰做一个总结。在我看来，对话的形式比较合适，因为对话没有任何教条，它可以依次展示一个问题的多个面，而不一定非要得出结论不可。从学术上讨论类似的问题，我从未如此缺乏勇气。本书中三篇对话的目的，是向读者呈现一系列按照逻辑顺序发展的思想，而不是灌输某种观点，或鼓吹某种特定的体系。书中所探讨的都是每个人一直在思考的问题，即使明知自己永远找不到答案。引人思考，甚至不惜用夸张手法来诱导出读者的哲学意识——这便是我给自己制定的唯一目标。人类的尊严，并不是要求我们找出这些问题的确切答案，而是要求我们不能对它们无动于衷。并非所有人都有能力探测深渊的深度，但如果不偶尔向里面望上一眼的话，我们的思想就太过肤浅了。

探讨哲学与宗教话题，并希望读者能理解所有观点——我太了解这样做所带来的误解了。我心甘情愿地接受人们把书中人物的所有观点都归于我，即使这些观点有时会相互矛盾。我只为聪明、有见识的读者写作。这些读者一定会理解，我跟我笔下的人物之间没有任何连带责任关系，而且我也不应该为他们发表的观点负责任。每个人物都在确定性、可能性、幻想性方面不同程度地代表了某种自由思想的一方面。我并没有像很多擅长写对话的作者那样，化名为书中的某个人物来表达自己的观点。

而且，我还必须说明，本书中当今哲学家

和学者的名字皆为虚构；真正的对话者并非具象的人，而是抽象的精神场景。在这本书里，并没有前人乐于想象的已故或在世名人的交谈，有的只是每当我任凭思绪游荡时，大脑中进行的各种对话。绝对体系的时代已经过去了，但这是否意味着人们就此放弃在宇宙的事实链条中寻找逻辑结论呢？并非如此。从前，每个人都有自己的体系，一生不变。现在，我们则依次经历这些体系，甚至同时理解所有这些体系。

五年之后，当我重读这本书，回忆起字里行间的那个阴暗时代，我都会觉得自己写下的词句太过沉重悲伤，甚至犹豫是否要出版它。曾经经历过的可怕暴政时常让我做噩梦。彼时，上帝备受崇拜；如今，上帝却成了时代的战败者。多少次，我们祈求上帝，却无济于事！在上帝应该现身的地方，我们却只看到了一群无情的天兵天将，除了普鲁士枪骑兵"高尚"的道德和精准的炮弹，任何事情都不能使之动容！我十五年前去加利利①的路上遇到的那个温和的上帝，那个曾与我畅谈的上帝，再也找不到了。②我曾把此书的手稿借给一位高尚的女子，她对我说："别把这本书印出来，它真让人心寒。"

　　法国陷入多事之秋，政治局势越来越让我担忧。为了自由地思考，就必须确保出版的内容不会导致严重后果。在由国王统领军队的君主制国家，人们活得更加安心；因为他们知道，社会拥有一套保护机制，保证不受自身错误的侵犯。比起被城墙围起的国家，一个只能依靠自身力量防御外敌的社会需要更加谨慎。人们小心翼翼，生怕喘息重一点就会把自己藏身的建筑吹倒。这就是为什么共和国虽然比君主制国家更加开放，却间接损害了自由，因此也损害了哲学家为避免大多数狭隘的头脑误解他的意图而采取的预防措施。

---

① 加利利，巴勒斯坦北部地区。

② "在路上他对我们说话，为我们讲解经文的时候，我们心里不是在燃烧吗？"（《圣经》，路加福音24：32）——原注

　　然而，我权衡再三，广泛征求了贤明之士的意见，并删除了一些太过古怪的段落，最终决定向认真的读者呈现这本为他们而写的书。对于那些学识浅陋的人而言，类似的胡思乱想也并无害处：在他们眼里，这些呓语毫无意义。而那些通晓哲学之士很快就会明白，我唯一的目的就是引人思考一些问题；如果对这些问题视而不见，就是蔑视真理。本书行文力求明白易懂，机智风趣。有时，我也会借鉴让·保尔·利希特尔①的手法。为了唤起人们对无神论的恐惧，他曾在名篇中，让基督本人来鼓吹无神论。强调某种观念之重要性的最佳办

----

① 让·保尔·利希特尔（1763—1825），德国作家，原名为约翰·保尔·弗里德利希·利希特尔，因崇拜卢梭而将卢梭的名（让）用作自己的名。其作品在19世纪初广为流传，受欢迎的程度甚至超过了歌德和席勒。主要作品有《快乐的教师马利亚·乌茨传》（1790）、《卡岑贝尔格博士的温泉旅行》（1809）、《随军牧师施梅尔茨勒的旅行》（1809），还有《美学入门》等其他著作。

法，就是剔除它，然后向人们呈现没有它的世界会变成什么样。我希望某天能写出一本名为《假设》的书，大量使用这种哲学叙述方式。在这本书里，我会勾勒出七八个世界的体系，每个世界都会缺乏某一种基本元素。由此，这种元素的重要性就会被异常鲜明地凸显出来，即使最无知的人也能明白。

　　绝大多数人对于此类问题的看法可以归为两种类型，而这两种类型都距离真理十万八千里。各种各样的"正统派"会说："你所找寻的东西，前人早已找到。"务实的实证主义者（他们是唯一的危险人物）、爱嘲讽的政治家以及无神论者则会说："你所寻觅的东西，永远都找不到。"诚然，我们穷尽一生也无从参透大千世界的秘密，但这一事实并不能帮助我们说服大众，努力理解自身所处的世界其实是徒劳无益的。在梵蒂冈的回廊里，在西斯廷教堂的拱顶上，拉斐尔和米开朗琪罗都曾希望用绝美的画面展现宇宙的起源。这些画是多么幼稚！但又有谁不因它们的存在而欢欣鼓舞呢？有时，哲学是浅薄、幼稚而荒谬的；有时，哲学却成了唯一严肃的学问。醉心于哲学是危险的，因为费心追寻毕生也无法理解的事物会让人心力交瘁。但我们不应该就此放弃，因为这样做就等于承认自己见解平庸且缺乏勇气。宇宙有一个理想的目标，服务于神圣的意图，而不仅仅是一团终将归零的混沌。世界的目的是让理性成为主宰，追求理性是人类的义务。让人类放弃这些崇高的目标是徒然的，一旦脱离狭隘的物质主义常识的说教，人类就会马上利用自由做出疯狂的事情，以此证明低俗的享乐并不能使之满足。

因此，所有那些让人们脱离自私自利之狭隘性的思想都是有益灵魂的，不管它们以怎样的形式出现。伟大思想对神明的亵渎，比庸俗之人为谋取私利而做出的祈祷更讨上帝喜欢。因为亵渎神明的话虽然有失偏颇，但它也包含合理抗议的部分；而仅为一己之利而进行的祈祷却不含一丁点真理。此外，有一点很重要，我必须进行强调：这些投机取巧没有任何实用性，或者就像笛卡儿的"系统怀疑论"一样，它们假定了人存在的预先法则，而这些法则最好的保证就是善的天性。仁慈、善意、尊重、对人民的热爱、对万物的良善和友好，这就是永远不会错的可靠法则。

在诸如此类的情感、自然界铁一般的等级制度以及对理性之绝对主权的信仰之间，怎样进行调和？我不知道，但这个问题对我而言并不重要。善良并不取决于任何理论，我们可以以贵族的人生观去爱人民，也可以秉持民主的原则而不爱人民。说到底，和睦友好之风气的形成，并非由于人们追求社会平等。反之，对平等的渴望反而会滋生傲慢和冷酷。善良最好的基石，是对天命秩序的接纳。在这种秩序中，万物皆有自己的位置、排序、作用甚至是必要性。人与人之间、种族与种族之间并不平等，比如，黑人大多是为白人的伟大事业而服务的，然而，这并不意味着美国可憎的奴隶制度就是合理的。不仅每个人享有权利，每一个生命也享有权利。诚然，最新的人种比动物高级很多，但即使是对待动物，我们也须尽义务，仅仅不伤害它们是不够的，还需要为它们的福祉着想，善待它们，安慰它们面对大自然艰险的环境。了解了这些原则，我们就可以温柔地沉湎于所有噩梦中。就让我们铭记它们吧，因为公众人物应该向大众展示他思想的所有侧面。如果有人因此而悲伤，那就应该像神甫跟教区居民布道耶稣受难一样，说："我的孩子，请不要哭泣。这事发生在很久以前，并且也不一定是真的。"①

---

① 我之后会出版一本名为《科学的未来》的杂文集。这本书是我在1848年和1849年写的，没有那么消极，会更加讨那些依恋民主宗教之人的喜欢。1850年到1851年的反抗和政变让我悲观失望，到现在还没有痊愈。——原注

因此，好心情可以修正所有的哲学。我从未见过欢乐的哲学，而大自然确是永葆青春、让人欢喜的，它总是能绝处逢生。乍一看，这个时代的人们似乎已经走进了死胡同，督促人们行善事的古老信仰被动摇了，而新的信仰还没有诞生。对于我们这些有学问的人而言，唯心主义已经足够替代这些信仰了，因为我们在旧习惯的驱使下行动，就像被拿掉大脑的动物，还能继续运行某些生命机能，但这些机能会随着时间的流逝而渐渐衰退。如果上帝存在的话，仅仅是为了让上帝满意而行善，这对不少人而言只是空洞的套话。我们依赖影子的影子而生，我们的后代又会以什么为生呢？只有一件事情是确定的：人们会拿出所有的幻想来完成他们的义务，实现他们的天命。过去，人们做到了；今后，人们也一样做得到。

有时，我会害怕人们指责我沉溺于罪恶的消遣中，因为我的祖国正遭受有史以来最严峻的危机，而我却在追求与世无争的空想。对于这种责难，我还是会以同样的方式回答：一直以来，我都谨遵祖国的吩咐。1869年，我被提名参选众议员。为了实现众愿，我做出了对我个人而言很大的牺牲。我唯一不曾妥协的地方，就是不多说也不少说一句我认为该说的话。自那以后，我一再表示，会服从同胞的命令，执行他们委托给我的权力。在我看来，当时所有对仕途经济的刻意追求都是不合时宜的。身处艰难时代，我们既不应该主动寻求入仕，也不应该拒绝委任。寻求入仕者是盲目而轻率的，而拒绝委任者则是自私的。他们甘于淡泊，置身事外，对于公共参与的潜在危险更是避而远之。我在此申明，如果当时祖国委任于我，我一定会全力以赴，不辱使命。

目 录

第一篇　确定性……………………… 001

第二篇　可能性……………………… 043

第三篇　幻　想……………………… 075

哲学意识自省………………………… 127

第一篇

确定性

人物

菲拉莱德

尤西弗罗

欧多克索斯

尼古拉·马勒伯朗士
（1638—1715）

1871年5月初，哲学家尤西弗罗、欧多克索斯和菲拉莱德一同离开了巴黎。他们三人同属一个学派，该学派的根本原则就是崇拜理想，否认超自然，并对现实进行实验研究。他们在凡尔赛花园最僻静的角落散步，心中充满对国难的痛心。欧多克索斯随身带着马勒伯朗士①的《形而上学对话录》。三

---

① 尼古拉·马勒伯朗士（1638—1715），法兰西科学院院士，法国天主教奥拉多利修会的神甫，法国著名神学家和哲学家，17世纪笛卡儿学派的代表人物。

个人坐下来，欧多克索斯开始朗读书中的第十三则对话：

阿里斯特：啊，狄奥多！您对"天意"的想法是多么美好而高尚！不仅如此，这个想法的含义还极为丰富、奥妙，足以让不信教的人和渎神者闭嘴！从未有这样的原则，能够给予宗教和道德如此有利的结果。就让这令人钦佩的原则播撒光明、驱散困境吧！所有这些违背自然或宗教秩序的后果，其产生的原因却无任何矛盾之处；相反，有的只是对它行为一致性的明证。所有这折磨着我们的罪恶，所有这让人震惊的混乱，一切的一切都轻而易举地与万物之主的智慧、善良和正义完美契合……神的旨意，必须以符合神之品质的手段来执行。此刻，我无比佩服天意的庄严进程。

狄奥多：阿里斯特，我知道您一直密切关注我最近跟您解释的这个原则，因为您看起来还是一脸激动。但您真的懂了吗？真的掌握了吗？我有所怀疑。因为在这么短的时间内，您很难进行充分思考，从而真正消化它。请跟我谈一谈您的想法，以消解我的疑惑，让我放心。因为哲学原理越是有用、越是丰富，不求甚解的危险就越大。

阿里斯特：我也是这样想的，狄奥多。但您说得那么清楚，您解释天意的方式跟无限完美的上帝之概念以及未来将发生之事都如此契合，所以，我知道这天意是切实可信的……

欧多克索斯

有时候，这种哲学思想简直可以直接拿来用！"上帝不依照个人意图行事"——马勒伯朗士这一伟大定律，真是很好地概括了我们的神正论①。

---

① "神正论"是两个希腊词theo（神）和dike（正义）的合成词，这个概念最早见于莱布尼茨（Gottfried Wilhelm Leibniz，1646—1716）的《神正论》（1710）。提出这一概念是因为神之全知、全善、全能的属性与现世中存在的不公义现象之间在逻辑上的悖论。神正论确立了神的统治和人的权利。

菲拉莱德

的确如此。跟我们所能拥有的科学相比，马勒伯朗士对宇宙的观点是不完整的，但他得出结论的方式还是很有洞察力的。

尤西弗罗

马勒伯朗士身处的不宽容的时代和他修道士的身份，都给他做学问造成了诸多困难。看在这一点上，我们就不要苛求他学说中的众多矛盾之处了吧！但是，我却不能因此就毫无异议地接受他对整个宇宙提出的如此不确切的观点。一个人所知道的，要么是他对现实生活的切身体验，要么是他听到或读过的前人的经历。通过对这些事实的归纳和概括，人们可以得出有关宇宙的一些大致正确的结论。我说"大致正确"，是因为就宇宙的一部分而言，为了给某一事物下定论，就必须知晓组成该部分的无穷多的事实。而这对于人类的头脑而言，无疑是不可能的任务。在这方面，可以把我们的认知比作一张或好或差的地形图。最好的地形图与实际地形比起来也相去甚远，但它至少给了我们一个概念。因此，即使最普通的地图也并非毫无用处。

随着见识的增长，我们会越来越不确定自己已知的事物。当我们试图理解全世界的时候，又会怎么样呢？我们的处境让我想起在贝卡谷地①过夜时的情景。夜很黑，手提灯只能照亮前方几步路外的沙子和石头；在这小小的光圈外，一片漆黑，根本无从猜测一公里之外是否有平原、山脉、河流、岩石。试图站在我们所处的位置评价整个宇宙，也是一样的道理。

菲拉莱德

但是，我们必须根据可见之物，来为视力可及范围之外的事物建立理论。否则，我们就

---

① 贝卡谷地，黎巴嫩中部宽阔谷地，在西面的黎巴嫩山脉和东面的前黎巴嫩山脉之间，是历史上著名战略要地，又是古代文明发祥地之一。

与面朝大地、只关心如何满足肉欲和食欲的动物无异了。

尤西弗罗

也许吧！但不要忘了，类似的观点并不能超越古人所说的"哲学原理"。一种更高的疑惑笼罩着所有思考，而这个疑惑来自一个难以解决的问题。我们的心理构造，即我们观看现实世界的眼睛本身，难道不就是一种误导吗？我们难道不是在被某种不可避免的错误玩弄吗？回答这样的问题，就一定会陷入恶性循环。

菲拉莱德

这个疑惑已经让很多哲学家陷入死胡同，而我已养成习惯，不再止步于此。正如理性这一工具，若以科学的方式，将它作为现实不可改变的准则来应用，它就永远不会导致错误，因此可以得出结论，这个工具是好的、可信的。这就好比一杆秤，如果称很多次，结果始终如一，那就证明这杆秤是准的。

欧多克索斯

除此之外，人类也并不像笛卡儿甚至康德所想的那样统一。在已知的人种中，有两种比较重要：西亚和欧洲人种，以及从东亚即中国发源的人种。不过，虽然这些不同的人种之间差别很大，但他们的心理构造却大致相同。我们可以自信地断定，在理性和伦理的基本概念上，分散在太空中的其他人类种族和我们并没有本质上的差别。或许，他们和我们之间的差别比越南人和中国人之间的差别还要小。

菲拉莱德

这个时代很是惨淡。每天，我都会一遍遍地反复问自己是否还值得活下去，亲眼目睹自己所爱的一切都走向毁灭。像希波的圣奥古斯丁[1]那样，相信永恒的上帝之城的确存在的人

---

① 奥勒留·奥古斯丁（354—430），罗马帝国末期北非柏尔人，早期西方基督教神学家、哲学家，曾任北非城市希波（今阿尔及利亚安纳巴）的主教，故史称希波的奥古斯丁。

是幸运的；他们可以充满希望，安详地死去！
你们想不想比较一下我们对神和宇宙的总体看
法？我认为，每十年都应该重新讨论这些问
题，给自我做个小结，看看自己跟十年前相比
有多大改变。

欧多克索斯和尤西弗罗

非常乐意。

菲拉莱德

我习惯把我在这方面的想法归为三类。
第一类是确定性，数量很有限；第二类是可能
性；第三类是幻想。尤西弗罗，如果你同意的
话，我们就不提最后这一类了，虽然这一类对
我们大家而言有可能都是最珍贵的。

尤西弗罗

幻想是好的，也是有用的，只要我们对其
没有奢望。记住黑格尔的伟大原则："必须照
实理解难以理解之事。"

欧多克索斯

那么就请菲拉莱德向我们阐述一下，在人类对宇宙的所有概念中，你认为是确定的那些。

菲拉莱德

在思考整个宇宙的时候，我认为有两件事是确定的。如果在科学入门者看来，这些事情的确定性还不够明显的话，那一定是因为我解释得不够清楚。第一件事，是当我们在可观测的宇宙范围内进行探索的时候，并没有发现任何高于人类之生命的行动痕迹，也没有找到马勒伯朗士所说的以特殊意志行事的存在。

欧多克索斯

请向我们好好解释一下这些话到底是什么意思。

菲拉莱德

如果人类不存在，地球的面貌就会完全

不同。换句话说，人类正受到某种目的的驱使而作用于地球的演变。在地球之外，人类活动的作用可以被认为是不存在的，因为地球仅以引力这唯一的方式作用于整个宇宙，而人类过去从未改变过、将来也不会改变地球的引力。然而，即使是最细微的分子活动也会影响到整体。作为许多分子活动的偶然起因，我们可以认为，人类在整体中起着一定量的作用；这种量等同于地球上有人类居住和没有人类居住的地方之间的细微差别。我们甚至可以认为，动物也受到某种目的的驱使而作用于宇宙，因为在一个只有动物居住的星球上，必将发生由动物自发性所导致的现象，这种现象与纯粹无意识的现象不同，因为后者并不包含任何主动选择性。

由此可见，如果宇宙中的确存在某种生命，能够像人类作用于地球表面一样或是以更有效的方式作用于宇宙，那我们一定会察觉。假设有一个来自另一个世界的理性生命造访地球，在他见到人类之前，他会推断出这个星球上居住着和他一样理性而自由的生命，在某种目的的驱使下生活。一条路、一面墙、一条林荫小道，就足以让他得出这样的结论。就好比他登上一座岛屿，在沙滩上发现了几何图案，便立即总结道："这里有人类。"然而，宇宙的图景并不允许我们做出类似的结论。宇宙中，一切都有序而和谐；但是，我们审视各种事件的细节时就会发现，没有任何事情是拥有特定意图的；一切都依照普遍规律发生，这些规律从未因为某些特殊的目的而被违背过。

让违背规律显得最为自然的一种情况，就是支持一位志诚君子或一项正当事业。但这种情况从未出现过。我斗胆说，大自然是绝对无知觉的，且拥有一种超验的无道德性。历史的无道德性和人类社会固有的极度不公平也并非不常见。无论我们做什么，社会永远都不可能是公正的。我知道，大部分人都相信神明的存在，相信他们会佑护无辜，报应罪孽，怜悯弱者。然而，这都是因为这些人从未接触过科学，没有足够的分析和观察能力，意识不到在事物的发展过程中，并不存在神明有意识的干涉。如果类似的干涉存在，我们是可以观察到的。但在世界一环扣一环的发展过程中，我们从未察觉到任何智慧生命哪怕是短暂干涉的痕迹。人类的观察范围如此之广，如果这样的干涉发生，我们一定会察觉。

欧多克索斯

您认为祈祷没有任何用途？

菲拉莱德

我并不否认作为神秘主义颂歌的祈祷。所有崇拜、喜悦和爱的行为，都是这种意义上的祈祷。我所否认的，是那些只为谋求私利的祈祷，是"有限存在"试图让自己的意愿凌驾于"无限存在"之上的祈祷。我反对这样的祈祷，甚至认为这是对神的辱骂，虽然可能是无意的。

Tenuipopanocorruptus Osiris. [①]

人们试图用小礼物收买神。在原始时代，人们以为得了癌症的英雄是被神吃了，于是就给神进献鲜肉，希望神会因此放过病人。不相信科学的人会认为，有一些东西会直接作用于世上的事物，然后就幻想直接跟这些东西对话，让这些东西依照自己的意愿行事。然而，类似的祈祷从未产生过切实的作用。古希腊哲学家清楚地明白这一点。他们中有一位名叫迪亚戈拉斯，当人们给他看海神波塞冬神庙里水手敬献的祭品时，他说："我们只算了脱险的水手，并没有算淹死的水手，而那些淹死的水手也跟其他人一样许过愿的啊！"

这话真是一针见血！在类似的情况下，人们总是习惯于只考虑祈愿成真的例子，而抹去那些不符合他们幻想的案例，这就足以解释所有奇迹。实际上，祈祷就是祈求奇迹，因为

---

① 拉丁语，意为"仅仅一件小礼物，就收买了俄西里斯"。

祈祷者恳请神灵改变事情发展的方向，以维护他的一己私利。按照生命和疾病的发展规律本该自然死亡的人却祈求痊愈，这就是在祈求奇迹：他的病本来致命，他却祈求康复。举行仪式祈求风调雨顺的农民也是在请求奇迹：他们要求雨在本不该降落的时候降落，而这就意味着需要刻意改变大气。六月的暴雨源于五月在北极大浮冰上发生的大气现象，这就要求神明提前一个月预知人们将向他祈求的内容，然后把注意力集中在大浮冰的活动上，扰乱它们的形成，或者阻止向南移动的北极冰盖产生它们本应产生的冷却和凝结蒸气的作用。如果这不是奇迹的话，还能是什么？

为了让信仰有所依据，就必须观察到祈祷真正起作用的情况，也就是说，观察到祈祷改变了事物本身的发展轨迹。但这种情况从未出现，也永远不会出现。人类自诞生后就开始祈祷，但从不曾有证据证明我们能心想事成。近来考古学家发掘出大约三千条布匿①铭文，每一条内容都很相似。在所有铭文中，虔诚的迦太基人都会证实塔尼特和巴耳·哈蒙满足了他们的心愿，而他们正是因此才立起了小石柱。这样好像说得通，但塔尼特和巴耳·哈蒙是假神，已经没有人承认他们会发慈悲了。迦太基的三千根石柱说明了一个错误，这一堆堆的还愿柱并不能被看作是愿望实现的证据。即使在一个群体中，大家都相信自己体验到了祈祷的效力，也还是不能证明什么。迦太基人曾断言自己体验到了同样的效力，但他们错了。因为大家今天都知道，他们的神是无能的。

然而，统计起来易如反掌。在旱季，一个地区的二三十个教区会游行祈雨，而另外二三十个不会。通过查询登记簿中的记录，并分析大部分案例，很轻易就能看出游行是否真正奏效，举行游行的教区是否比没有举行游行

———————
① 布匿是北非历史上的一个源于迦太基的讲西闪米特语的民族，由腓尼基移民和北非的柏柏尔人原住民融合而成。

的教区更受优待，以及降雨量是否跟一个教区的虔诚程度成正比。

我们可以用千万种方式重复这个实验。比如，我们可以让生同一种病的孩子住到两个不同的屋子里，同时采取预防措施，确保在分组过程中没有舞弊行为。接着请教徒给一个屋里的孩子戴上据称有神效的护身符，而另一个屋里的孩子什么也不戴，然后观察两个屋里孩子的情况是否有明显不同。我们从未做过类似的实验，但我想所有有理智的人都会认同，结果在实验还未开始前就已经明了了。

同样，从历史事件中可以看出，超自然的干涉是不存在的。最虔诚、最正统的民族常常被不那么虔诚、不那么正统的民族打败；至高无上的天意，也从未青睐过除最勇敢、最强大者之外的任何一方。所谓的战神，永远偏向武器最精良、将领最优秀的民族。在它的治理中，大自然显示出了对善恶的绝对冷漠。阳光照耀着善良的人，也照耀着邪恶的人。

因此，并没有任何证据能让人相信，在人类之外还存在能够作用于地球的有限的生命体。但这绝不意味着人类之外就没有其他智慧生命存在。这个论断是说，这些有限生命体的活动范围既没有扩展到地球上，也没有扩展到天体的运转上。因为，如果存在类似活动，我们一定会有所察觉。假设蚂蚁在一片荒地上建立了国度，人类一百年才会去造访两三次。这些蚂蚁能够理解自然科学，也发现了一些自然规律，但无法意识到能够一脚踩死他们的巨型生物的存在。它们的自然哲学和我们的很相似，但它们必须承认，每四十到五十年，自然规律都会遭到某种奇怪的干扰。在这个时候，总会有一种体积庞大、力大无穷的未知生物毫无缘由地经过，然后破坏一切。

如果蚂蚁是哲学家，它们就绝对不会将这种巨型生命体跟风暴或龙卷风这些完全无意识的现象相混淆。蚂蚁并不能完全理解人类，因此人类之于蚂蚁，就如神之于古代人类。在古人看来，神是一种比人更强大的存在，有时候会介入地球和人类的事务。然而，我们从未观察到有这样一个智慧体存在于人类之上，与方才假设中蚂蚁的经历类似的现象，从未让人类完全摸不着头脑。从前，火山爆发、地震、瘟疫都被认为是神发怒的征兆；而如今，没有任何有文化的人会承认这一点。这些都是自然现象。在霍鲁约山或海克拉火山爆发的原因中，没有任何一个科学家会算上墨西哥人或冰岛人的罪孽。很多在道德方面与冰岛相去甚远的国家，从未发生过地震。

欧多克索斯

这就是你全部的宗教学说了吗？这学说真是很消极。

菲拉莱德

先别急着下定论。在宗教学上，我承认

两个确凿无疑的命题，确信宇宙中不存在任何任性的行为和特殊的意志，也确信世界有自身的目的，且围绕着某种神秘的事业而运转。有一些事物按照内在的必要性和无意识的直觉发展，类似于植物朝向水源或阳光的移动，胚胎为了脱离子宫的盲目努力，或者支配昆虫变形的内在需求。世界正在朝着某种目的运行；一切受造之物一同叹息、劳苦（罗马书8:22）。世界运转的伟大动因，是疼痛，是永不满足的、努力生长的生命。

安逸只会产生惰性，不适是运动的本源，只有压力能让水倒流，并指引水流的方向。女孩的青春期来自于已经成熟、为了存活而生且渴望存活的卵子。从海星这种只会进食消化的五角形的奇怪生物，到最完整的人，一切都渴望存在，渴望充分地成长。所有可能性都渴望被实现，所有实体都渴望意识，所有模糊的意识都渴望被阐明。宇宙就像一颗巨大的心脏，泛滥着无力和含糊的爱，一直处在转变的痛苦之中。有机体致力于成为一种物种，在成长的过程中，它获得肢体，用一种盲目的力量为自己创造出各种器官，而我们可以预知这些器官的功能。每一个生命都竭尽全力，去趋近自身的完美。敢问有哪种打猎工具，能够跟堪称艺术品的章鱼吸盘相媲美？我们在动物身上看到的，在国家、宗教和任何大事件上都可以看到，在全人类和宇宙上也可以看到。我们能感受到一种普遍的努力，致力于完成一个意愿，填满一个活的模子，产生一种和谐的统一，一种意识。宇宙的整体意图目前还很难理解，看上去，这种意图似乎并不比牡蛎和珊瑚骨的本能伟大多少，但它的确存在；世界确实在本能地朝着自己的目的发展。在我看来，十八世纪末备受学者推崇的机械唯物主义，是人类信仰的最大错误之一。

尤西弗罗

小心，您的想法跟古老的目的论哲学太相似了，这种哲学对世界的解释实在幼稚。

菲拉莱德

这种学说的错误只在于形式。因此，只需把它原本归类于"存在"和"创造"这一类别的东西拿出来，放在"缓慢演变"这一类别中就可以了。《塔木德》中说："要锻造第一把钳子，只需要钳子就好了；上帝会造出来的。"错！钳子是用越来越高级的工具，一点一点锻造出来的。人、动物、生命的创造，也以同样的方式发生。模糊晦涩的意识所产生的现象是神独有的领域，神尤其会在动物、儿童、平民和天才身上看到自己的影子，因为天才同时是儿童，也是平民。神是非理性之人的理性，是根据美学和韵律的法则，让一切发源的神秘原动力。他是创造和谐、永恒之世界的数目、砝码和标准。

让我觉得最有意思的，莫过于一系列事实。在这些事实中，我们会惊奇地发现，大自然为了更高的利益而欺瞒人类。只消看一看跟生殖繁衍有关的一切！对于大自然而言，让人类保持道德观是多么重要！对于这件宝物，这所有生命的源头，大自然向来小心翼翼。在道德观上，大自然不仅加上了肉欲，还添上了一大堆由各种自相矛盾的情感织就的本能：廉耻、矜持、淫荡、羞愧、欲望。这些本能就像大船的缆绳一样，拉着人们，拧着人们，克制着人们，阻止着人们，刺激着人们。大自然给予滥交以最严苛的惩罚。它为了自己的利益，让女人视贞操如生命，男人视贞操为无物。由此就生发出一系列观点，骂不守节的女人无耻下流，而把守节的男人当作笑柄。观点根深蒂固时，就变成了大自然本身。大自然的计谋手段，似乎是为了某种社会性的目的，而不是满足个体的私心。

　　欲望是上天赋予一切生命活动的原动力。所有欲望都是幻想，只有在得到满足之时，欲望才会消失。因此，厄洛特斯永远都是最初的神。为了进入胚珠，花粉用尽浑身解数，就仿佛它懂得空间的法则一般。从世界之初开始，任何一次欲望的满足，随之而来的都是极度的空虚。尽管人们对此心知肚明，却还是会情不自禁地去渴望。《传道书》劝诫人们看破红尘，真是徒劳之举。大家都赞同书中所写皆是金玉良言，但还是会有欲望。这是多么不合逻辑啊！

大自然想让各物种繁衍，会用千万种花招来达到这个目的。生物的很多行为，都不是算计自身功利的结果。大自然给动物的爱不多也不少，刚好够让它们延续物种；大自然给人类的无私不多也不少，刚好够让他们传承高等智慧生命的文化传统。蜉蝣的幼虫阶段持续三年，而成虫阶段的生命只有一天。在这一天中，它交配、产卵，然后死去。没有任何一种本能是毫无缘由的。人性中有千万种事实，都不足以用满足感官享受或个体私利来解释。在这种情况下，我们可以不假思索地得出结论：这些都是大自然的机制所安排的，尽管这种机制的目的并不是那么好理解。人类就像哥白林织毯厂的工人，从反面编织着一张挂毯，看不见正面的图案。工人每天尚能领到几法郎的工钱，而我们能得到的，仅仅是以为自己做了正确之事的幻觉而已。人类这善良的动物啊！他把鞍辔佩戴得多好！帕拉蒂尼山上的古代涂鸦多么准确而深刻："劳作吧，小毛驴，像我之前那样劳作，因为这会给你带来好处。"

显而易见，我们因为某种目的而被利用了；就像有些人说的那样，我们正在被剥削。某些暗中筹划之事，正在损害着我们的利益；某种更高等的生命，正在利用我们达到他们的目的，而我们就是他们的玩物。最大的自私自利者就是宇宙本身，它用最卑劣的手段引诱着我们，欺骗着我们。它有时会利用快感，但快感过后，我们需要付出同等程度的痛苦；它有时会给我们编织虚幻的天堂，但冷静思考之后，我们却发现这天堂根本不存在；它有时会利用美德这种极度的欺瞒，让我们为了跟自身无关的目的而牺牲自己最明显的利益。鱼钩清晰可见，但尽管如此，我们还是咬了下去，并且还会一直咬下去。

尤西弗罗

这没有什么好奇怪的。你描述的这种世界存在的原因，是因为只有这种世界才可能存在。如果人类更加精明，早早就识破一切，他们就不可能存活，甚至在萌芽阶段就已灭亡，因此也就不复存在了。这就好像您惊叹所有脊椎动物都有心脏一样。

菲拉莱德

但让我震惊的，恰恰是这样一种生命，竟然无法理解和掌控自己存于世的目的，有时甚至要为这个不明不白的目的牺牲自己的人格。让我震惊的，是这样的生命竟然存在。总的来说，人的美德是上帝存在的伟大证据。在人的眼中，宇宙就像一位狡猾的暴君，利用奸诈的诡计奴役着我们，以谋求他自身的利益，并且设法让大多数人看不到这些计谋，因为如果所有人都知晓这些诡计的话，世界就无以为继了。人的美德当然符合大自然的利益。从人的个体利益角度而言，这确实是一个骗局，因为个人无法从自身的道德行为中获取任何世俗的利益；但大自然需要个人的美德，它以定言命令①式的方式，赋予个体的美德最伟大、最真实且唯一的启示。最确凿无疑的道德，就是建立在投机的怀疑论上的道德。没有一个生意人会为了赚到一百万法郎的极小概率，去拿一百法郎冒险。然而，所有的人都会因为这个极小的概率而相互残杀，或者以此支配自己的行为。这是因为有一类人并不像其他人那样局限于理论，而是支配他们，扼住他们的咽喉。大自然出于宇宙中某种超越人类认知的目的，巧妙地欺骗了我们。

---

① "定言命令"是康德道德哲学的核心概念，在《道德形而上学奠基》一书中，康德从"善良意志"这个日常的道德理性概念出发，逐步地推导出道德的这一最高原则——定言命令。定言命令是无条件的绝对的、必然的、客观的。

为了让人具有道德观念，大自然用尽诡计；细想起来，很是惊人。一切原始宗教都产生于定言命令式，它们就像缠绕我们的网、诱惑我们的春药。任何企图否定它们的批评和哲学，对之都起不到任何作用。我们是在最善良的时刻相信上帝的。对于人类而言，宗教就好比鸟类的母性本能，让人们甘愿为了大自然想要达成的未知目的而牺牲自我。一件荒谬之事，却因为对大自然想要达成的目的有益而变得合情合理、无比神圣。在所有朦胧的有意识或无意识的生命现象中，都会出现某种聪明的谋略。由于人的忠诚奉献，一个伟大的意图得以持续。劝告人们不要忠诚奉献，就像劝告鸟类不要筑巢且不要去喂养幼鸟一样，是毫无用处的，人和鸟还是会继续它们永恒的劳作，因为大自然有此需求。精巧的天意采取了预防措施，以确保有足够的美德支持宇宙的运转。

欧多克索斯

就像那位前辈所说，如果这里有人能用左

手拿走你用右手给他们的东西，他们就可能会误解你的看法。从另一方面讲，唯物主义者又会指责你夸大了无私的存在。你认为大自然为了让人类服务于它而进行着某种诡谲的计划，在唯物主义者看来，人类谋求私利的欲望就足以解释这一切。

菲拉莱德

这是因为，那些通常错误地自称唯物主义者的学者并没能充分地分析我们哲学、美学和道德本能的本质。人们认真思考后就会发现，在大多数情况下，不道德行为实际上更符合他们的利益。然而，他们有时还是会按照道德标准行事。如果真善美毫无价值，人们早就放弃对它们的追求了，因为这些东西并不能为人们牟利。真正的天赋、道德和科学非但不能助人成功，反而会妨碍人们的生活，让那些具有这些才能的人处于劣势，甚至陷入不幸。如果"真"没有客观价值，人类的好奇心早在几百年前就消失了；如果"善"不是由高于我们的意志所支配，千万次经验教训已经让我们学会不要上它的当。因此，道德高尚的人、博学之士和伟大的艺术家便是上帝存在的明证。

通过分析最微不足道的心理现象，也可以得出同样的结论。在人类的民族利益所需的各种偏见中，必须首先强调家庭责任感。一个社会要运行良好，家庭道德是不可或缺的。大自然通过奇怪的逻辑缺陷，赋予了人们这种家庭责任感，让最高雅和最麻木的人都心甘情愿地上当。人的生理构造并没有要求一夫一妻制，但这种制度对于伟大种族的养成和维持是有必要的。在舆论中，一夫一妻制几乎和自然法则具有同等的权威性。勤勤恳恳的中产阶级活着就是为了抚养孩子，而这些孩子长大成人之后，也只操心抚养自己的孩子。显而易见的恶性循环并不能阻碍任何人，因为大自然需要这种无私的操劳，它留出一种可能性：在默默无闻的小人物中，会出现一位一流人物，可以为了艺术、科学或政治，在一小时内贪婪地吸收完前辈辛苦积累的所有财富。

"善良"这一极大的骗局，更能显示出大自然本能的不择手段。狗是善良的，即使这种善良通常只会让它遭到人的粗暴对待。人类的卑鄙永远都不能伤害它，因为它爱人类，它羡慕人类的优越性，而且为能够参与到一个更高等的世界中而自豪。如果这种职责是自私或哲学思考的结果，狗早就放弃它了，因为人有时会对狗做出残忍的不公正行为，而且对狗的友爱毫不领情。那些甘愿牺牲自我的人也是一样的道理。永远都会有自愿的受害者，时刻准备着为宇宙的目标献身。布列塔尼的水兵或立陶宛的农民这些心地特别善良的群体，常常遭到强大民族的蔑视；服从者通常比统治者更善良。善良者必遭轻蔑，但他并不会因此就变得不善良，因为大自然需要利用他的善心实现自己的目的。诚实也是一样，虽然没有善良那么有说服力——因为不诚实的人会受到惩罚，而不善良的人不会。实际上，所有的人都被这精巧的胶水牢牢粘住，无法动弹。企图让这个世界抛弃虔诚的情感，让一切都沦为纯粹的自私，都是不可能的，就像不可能把女人的女性器官都摘除一样。就连声称为私利构建理论的自私者也上了大自然的当。自私者每小时都会将他的体系否认一千次，他的生命由前后不一致的言行和在他看来荒诞疯狂的行为所织就。

欧多克索斯

事实就是，我不曾见过任何一个圣贤比我们这个时代的某些学者更加遁世。肤浅的人把这些学者称为无神论者和唯物主义者。

菲拉莱德

此言极是！从未有任何体系像我们现在的体系一样，赋予道德这么多的客观价值。对我们而言，顺应自然就是共建上帝神圣的事业。天赋异禀的康德清晰地看到，这就是宗教的基石；宗教产生于实践理性，而非思辨理性。上帝被认为是世界的首领，掌管世界的运转和命运；他热爱道德，赞扬道德，因为道德为他服务，为拔地而起、高耸入云的建筑添砖加瓦。道德在宇宙的事业中占据着超验性的地位，是这一神圣事业的支柱和要素，因此也就成为这一事业存在的最好证据。道德既然存在，就必须能够被解释；这一逻辑链环环相扣，不可能是多余的。宗教之于人类，就好比筑巢之于鸟类。在一个生命体中，突然神秘地生发出一种本能，而这种本能是这个生命体从未感受过的。从来没有下过蛋，也未曾见过下蛋的鸟，事先就知道下蛋是它的职责所在。它满怀虔诚的喜悦和景仰，为它无法理解的某一目的而服务。蜜蜂分泌蜂蜡，蚂蚁为了积攒而积攒，这些行为都远远超越了它们自身的自私性。

在人类历史中，宗教思想也以类似的方式发源，人们一开始并没有注意到。突然间，有一段寂静，世界就像定格了一般，人的感官一片空白。人类说："上帝啊，我的命运多么奇怪！我真的存在吗？世界是什么？太阳是我想象的产物吗？它只在我心里闪耀吗？……主啊，我能透过云层看到你！"然后，外部世界的声响又开始了，这一瞬间结束了。但自此以后，表面上看起来无比自私的生命就会做出难以解释的、不顾自身利益的行为，服从于一个他自己也不知道的目的，感受到对顺从和崇拜的需求。

啊，道德高尚之人该是多么快乐啊！世界依赖于他。当他良心不安，孤立无援，无法回应物质主义的质疑时，他应该放心，因为有理的人是他，智慧的人是他。他是十万分之一，但他才是索多玛①的代价。他所属的少数群体是地球存在的理由。地球之所以存在并持续，正是因为他和他的同类。

就这样，一个更高级的计划摆在我们面前，驱使着我们。大自然对待我们，就像对待

———————

① 索多玛，位于死海东南方的城市，如今已沉没在水底。依《圣经旧约》记载，这是一个耽溺男色而淫乱、不忌讳同性性行为的性开放城市。这个地名的首次出现是在《圣经旧约》的记载当中。

一群注定要为并不属于自己的事业而互相残杀的古罗马斗士一样。他就像东方的专制君主，出于神秘的目的，利用他手下的马穆鲁克①骑兵，而自己从来都不会在这些骑兵面前现身。从属者会对统治者产生两种情感：要么是抗争和对暴君的仇恨（这就是叔本华论述的道德处境）；要么是顺从，甚至是对未知目的的感激和热爱。后者是费希特的看法，也是我一直坚持到今天的观点。

尤西弗罗

我称赞您的观点，但请承认，这两种情感都有合理的一面。我们为大自然的意图服务，而大自然却从不跟我们透露这一意图。按照您的意思，我们已经是不情愿的牺牲品了，难道我们还应该成为逆来顺受的牺牲品吗？

---

① 马穆鲁克，原意为"奴隶"，是中世纪服务于阿拉伯哈里发的奴隶兵，最初出现在阿拉伯帝国阿拔斯王朝时期的"突厥古拉姆"制度，后逐渐形成一个独特的军事贵族集团。

菲拉莱德

是的，必须这样。叔本华的理论中有一处矛盾，导致他的观点没有费希特的观点合理。叔本华承认宇宙是有目的的，他也很清楚地意识到了大自然的唯利是图，比如关于爱；但他并没有认识到，以上这些已经足以建立自然神论，证明道德的意义。他本应得出结论：至高无上的道德就是顺从，即接受生命原本的面目，为一个更高级的目的服务。他的理论前提就是这个意思。如果大自然有目的，就必须听凭大自然的安排。遵从自然，遵照它的指示或只是顺应它的方向，这本身就是一条法则。既然生命有法则，那它就有意义。叔本华不是拜伦或海涅那种认识不到道德法则的反叛者，他是个更大胆的革命者，从不屈从于自然，并试图逆之而为。这样做是罪恶的，也是无用的，因为到头来大自然总会胜利，它太善于运筹帷幄，太善于玩弄手段，无论我们做什么，它总能达到自己的目的，即为了自身利益欺骗我们。关键是弄清大自然是否有目的。我们可

以通过一些表象否认它，但叔本华并未这样
做，因此我们就难以理解大自然的不道德性。
叔本华让我明白，的确有一个大自私者在欺骗
我们。但与叔本华不同，我顺从自然，接受自
然，甘愿为至高无上的意图服务。如此，道德
就化为服从。所谓不道德，就是对这些欺骗的
反抗。我们必须认识到这些欺骗，同时服从于
这些欺骗。

　　人的这种反抗是一种纯粹的犯罪；老实
说，这是世上唯一的罪行。人被大自然的一些
诡计所制约，比如宗教、爱以及对真和善的追
求。如果人坚持考虑私利的话，这些本能就会
欺骗他，将他引向他无法理解的目的。随着思
维的进步，人越来越意识到自然的狡猾，因此
用批判精神推翻宗教、爱、善和真。人会达到
目的，还是自然终将胜利？星球的毁灭，或许
正是因为批判精神消灭了大自然的诡计。有时
我会想，如果所有的人都接触到我们的哲学理
论，世界就会终止。

欧多克索斯

这一点根本不用担心。亲爱的先生，人们是不会相信我们的。钟声还是会按时响起，大自然欢乐的颂歌将永远回荡。总会有纯洁的心灵去歌颂基督的新妇。这就是我们内心深处伟大的、至高无上的慰藉——想到我们属于一个整体，这个整体必然走向自己的目的，而我们可以犯下任何错误，却不用担心连累载着自己航行的小舟。再说，我们也别搞错了，新的唯物派认为，我们这些唯心主义者几乎和正统派教徒一样危险。

菲拉莱德

他们这样想是有道理的。

Est Deus in nobis, agitante calescimus illo.①

只有低微的灵魂才会把自己禁锢在这种毫无价值的哲学思想中。既然整个宇宙都建造在

————

① 拉丁语，意为"神在我们体内，我们的热情被他的活动激起"。

欺骗之上，伟大的人就应该与之合作。对天赋
的最佳应用就是成为上帝的同谋，帮助大自然
铺展它神秘的湖泊，协助它为了全体利益欺骗
个体；就是通过向人们鼓吹道德，成为这个伟
大幻想的工具——虽然心里很清楚人们并不能
从这些道德准则中谋得任何私利。这像军事首
领为士兵并不理解也不欣赏的事业，带领他们
屠杀穷人一样。我们为神劳作，就像蜜蜂在不
知情的情况下为人制作蜂蜜一样。

尤西弗罗

　　但对于蜜蜂而言，人是一种特有的更高级
的生命，蜜蜂一定知道这一点的。而我们身边
并没有这样一个局限于某种有限人格的更高级
生命。如果有的话，我们就会知道。人们摧毁
蜂巢，获取蜂蜜，但从来没有类似的事情发生
在人类身上。

菲拉莱德

　　在我们有限的观察范围内，的确不存在高

于人类的意识——我是说会思考的、有限的意
识，但有一种广泛的自发意识在统治着人类。
因此，我们的用语就跟自然神论者的一样。就
让我们听凭大自然的安排，心甘情愿地被不择
手段的大自然欺骗吧；就让我们参与到它的事
业当中，顺从它吧。所谓"恶"，就是在发现
大自然欺骗我们的时候反抗它。哎！当然，大
自然的确是在欺骗我们；但还是顺应它吧。它
的目的是好的，因此就让我们把它所想要的也
当作自己的追求吧。道德，就是我们对上天借
我们之手所追求的难以理解的目的，固执地说
一句"阿门"。

尤西弗罗

我们发现，您的思想中有某种让它变得敏
感的矛盾和讽刺，当然，您有正当理由认为这
种讽刺很有哲理。您心甘情愿地顺从上天的欺
骗，但同时又坚持想让上天知道您没上当。一
直以来，我都注意到您身上有一种独特且敏感
的感知力：这是一种恐惧——您害怕让人看到

您从自身的美德中获得了任何好处。您最害怕的是口是心非的虚伪，以至于在高度赞扬了道德之后，您觉得有必要说明道德并不重要，而仅仅是一个骗局。在这个伪善的时代，做个正人君子好处多多。为了看上去不像个伪君子，您甚至能够假装自己是恶人。

菲拉莱德

的确，如果我是神甫的话，我就绝不会同意从弥撒中收取佣金，因为我害怕自己会变得像商人一样，用空袋子换钱。同样，我也会忌讳从宗教信仰中谋取私利，我怕自己看起来像是在散发假币，用虚假的希望妨碍穷人讨要他们应得的那一份。这种事情已经很多，足以作为人们的谈资，让人们以此为生，日思夜想；但这些事情还不那么确定，能让我们有十足的把握，在教授它们的时候不欺瞒别人。

尤西弗罗

天色已晚，在这绿荫丛中，很早就能感

觉到傍晚的习习凉风了。此外，我想我们也已经详尽地讨论了菲拉莱德一开始提出的"确定性"这个话题。明天，我们可以再见面，我或许还有几点不同意见要发表，因为我虽然承认有一个更高的意志在利用我们，在借我们之手做着某些事情，但直到现在，我还没有习惯把这些想法看作是自然神论或自然宗教的替代物。我曾听见泰奥弗拉斯托斯对关于宇宙的意图方面发表相当大胆的观点，很想邀请他加入我们的讨论。

菲拉莱德和欧多克索斯

让他来吧，我们欢迎他的到来。

第二篇

可能性

人物

欧多克索斯

菲拉莱德

尤西弗罗

泰奥弗拉斯托斯

菲拉莱德

泰奥弗拉斯托斯，在昨天的谈话中，我们尝试表明各自对宇宙整体之意识的观点，最后大致达成共识：这是一种难以理解的、自发的意识，类似于支配胚胎或动物进化的意识。然而，它却极其准确，并且总能以绝对精准的方式达到目的。尤西弗罗对我们说，您在这个问题上有独到的见解。如果您觉得我们理解得了的话，还望详叙。

泰奥弗拉斯托斯

我认为，世界其实有一种合力，人类和宇宙的财富通过缓慢连续的积累而增加，中间虽然产生了极大的消耗，但总和却不断增长，就像青少年的成长一样。这种余额以财富的形式存在，且只能以这种形式存在。只有为理想而存在的事物才能恒久，才能产生合力，其他的都相互抵消了。世界上相互竞争的自私性形成了一种精确的反作用力；能够创造出有益效果的，只能是无私行动难以察觉的总和。跟巨大的消耗相比，这些积累并不算什么，但只有它能继续存在，其他都终将消逝。因此，有益的努力逐渐累积成巨大的资本。我们中的每个人，都因向永恒的事业进献微薄之力而不朽。世界正在朝某个方向发展，而这正是收益和损耗之差值存在的证据。如果这差值不存在的话，世界就无法运转，就会停下来，或者逐渐衰退成一种毫无方向的运动，就像在轨道上打滑的火车头一样。然而，事实却是整个火车都在向前狂奔，很难说清它前往何方，但它的确在狂奔。它带着我们，奔向无际。

　　为了更好地理解这一点，就必须回溯到宇宙运动之概念的起源。在宇宙中，不同的质性打破了平衡，引发了运动，进而导致万物演变。完全同质的世界将永远静止，不会发展，也不会进步。宇宙为什么不甘于静止？它为什么要去冒险，而不是沉睡于绝对的平衡之中？这是因为，有一根刺在推动着它。某种隐秘的担忧让它战栗，一种内在的虚空给它死气沉沉的苍穹带来了阴云。生命，总是发源于一种对懒惰的挣脱，一种欲望，一种非人为的运动。一个声音说："前进！"为什么胚胎会努力脱离母体？为什么婴儿会为了长出牙齿而情愿忍受疼痛？他必须这样，就像年轻人必须追寻爱情一样——即使爱情也许会困扰他一生，甚至让他失去生命。

同样，文明起源于平衡的打破。生命和运动，就像两次静止间间隔的噪音一样；在这间隔中，什么也不会发生，什么也不会消失。由于惯性，世界和社会趋于平衡，而这平衡也就意味着它们的消亡。历史的开端，换言之，从兽性到人性的过渡，其实是一种放弃。人们从天堂的混沌懵懂中走出，进入爱与恨的纠缠。

最初的反抗，究竟从何而生？古老而伟大的伊壁鸠鲁学派[1]，也跟我们一样自问过这个问题。

Quid velit et possit rerum concordia discors?[2]

万物为什么要打破原始的和谐？是什么内在或外在的缘故，让万物开始运动？这种缘故，是对存在的渴望、对意识的渴求，是达到完美状态的必要条件。因此，完美就呈现为神圣进化的准则，成为绝对的造物主，成为宇宙的目的和首要动因。纯粹的思想只是一种潜在性，而纯粹的物质是毫无生机的。只有与物质相结合，思想才会具有真实性。一切都生发

---

[1] 伊壁鸠鲁（前341—前270），古希腊哲学家、无神论者（被认为是西方第一个无神论哲学家），伊壁鸠鲁学派的创始人。其学说的主要宗旨就是要达到不受干扰的宁静状态，并要学会享乐。

[2] 拉丁语，意为"这种不一致的和谐到底想要什么，又能做什么？"出自贺拉斯《书信集》第一部第十二首。

于物质，但为所有事物赋予生命的却是思想。正是思想在渴望自我实现的过程中，赋予了造物以生命。这就是神。没有石头就没有建筑，没有琴弦或乐器就没有音乐，没有神经系统就没有思想。然而，石块并不是建筑，小提琴并不是音乐，大脑并不是思想。这些都是条件，没有它们，也就没有建筑，没有音乐，没有思想。在乐谱上，贝多芬的奏鸣曲只是一种潜在的存在；让它真正存在的，是震动，是可测量的物理事实。音律的和谐这种难以测量的精神事实，是两种东西的结果：首先是作曲家的思想，然后是震动这一物理事件。思想是一种渴望存在的潜在能力，物质赋予它实体，让它存在，进而成为现实。因此，宇宙的两极就是精神和物质。没有物质，一切都不存在；但物质是存在的条件，而非存在的起因。起因、动力因全都属于思想。Mens agitat molem.①真正存在的是思想，只有思想存在。通过激发有利于

————————

① 拉丁语，意为"思想让物质具有生命力"。

其成长的物质组合，思想一直努力获得充分的发展。

因此，完美的存在只应该归因于思想，或者更准确地说，是归因于有自我意识的思想，即灵魂。当然，原子是拥有存在的，它有一种伟大而奇怪的优势，就是不可入性，用更通俗的语言解释，就是永恒性。因为它不仅不可分解，且没有任何实验能告诉我们它是以怎样的方式形成的。有机体会生病，会死亡；原子却不会生病，它具有绝对的不可侵犯性。形成银河中尘埃的碳原子和我们炉子里燃烧的碳原子是一样的，但原子没有任何意识。相反，灵魂有始也有终，它是原子组合的结果。从某种意义上说，灵魂是存在的二次方。虽然短暂，但相比于物质而言，它拥有巨大的优越性，它超越物质，让物质被遗忘。

欧多克索斯

您完全推翻了既有观点。以前，神灵依照

天才的形象构建，是一位至高无上的机械师，运筹帷幄，惩恶扬善。现在，您却把神明的智慧想成是生命自发的本能，想成是生命那渴望延续、渴望完善的模糊意识。

泰奥弗拉斯托斯

以前，我们以为荷马是书房里的文人；现在，人们普遍认为荷马的诗篇是古希腊天才的无名之作，这部作品因而变得比以往要美一千倍。以前，宗教是对更高级存在的屈从；现在，它是对纯粹思想的敬仰。大卫·施特劳斯曾对宗教做出如下精彩定义："（宗教）是一种精神活动，它采集在繁多的现象中折射、碎裂的思想光芒，并将其归一。"

尤西弗罗

但是，您认为宇宙通过这么多精妙绝伦的手段，究竟是要达到什么目的呢？

泰奥弗拉斯托斯

在我看来，最能总结这种目的的词就是"意识"。世界越来越渴望存在，而最完整的存在，就是拥有意识的存在。世界的所有努力都趋向于认识自我，爱自我，了解自我，欣赏自我。世界的目的就是创造理性，世上的一切都以此为目的。每个星球都创造思想、美感或道德感；世界产生的美德和理智，就是它存在的目的，正如树胶树的目的是分泌树胶一样，思想是最终的结果。伽利略、笛卡儿、牛顿在他们各自的时代就是世界的目的，或者更准确地说，是世界的最终结果，因为他们拥有这个世界上最高的视野。生命这晦涩的深渊，并不满足于它自身的孤独，它已经通过动物而存在了。动物可以模糊地观察大自然，在发情期，它甚至可以瞥见美学和艺术的世界。狗几乎拥有美德；在人类耳中，鸟儿的对话成了迷人的颂歌，而这些小生命之所以放声高唱，大概并不是为了一展歌喉。然而，所有这一切都是如此微不足道，不值一提。有了人类之后，宇宙的生命就集中多了；正因为有了科学，有了伟大的美德和艺术，宇宙才真正开始反射光芒。因此，在大自然中，人类是我们目前已知的最高生命形式。对于已经存在的宇宙意识而言，至少在我们观察可及的范围之内，人的头脑是最完美的仪器。

当然，比人类更高级的智慧生命也许存在，但我们可以断言，地球以外没有任何智慧的生命已经达到全知全能，因为没有任何证据能够证明，某种智慧生命已经成功地将自己的行动范围从一个星球扩散到了另一个星球。如果这样的生命真的存在，它们深谙物质和力的法则，能够在百万里之外采取行动，我们就会察觉到某些无法解释的、有意识的现象。

尤西弗罗

我不许自己谈论其他世界。在所有天体中，宜居星球的数量是极少的。目前，在无边无际的太空中，地球或许是唯一有生命居住的星球。因此，我们就只讨论地球吧！像您刚才提到的某些目的，却是在地球的力量之外的。"全能"和"全知"这些词，还是留给经院哲学吧！人类有开端，也会有结局。类似地球这样的星球，历史上只有一段时期的温度适宜生命居住。几万年后，这段时期就会结束。到那个时候，地球或许就会像月亮一样，枯竭、消亡，耗尽它的资源、矿藏、生命力以及它所孕育的所有生命。实际上，地球的命运并非像您猜想的那样永恒无尽。就像所有在太空中运行的星体一样，地球利用它身上所有能利用的东西，但终会死去。相信我，地球终将死去，就像《约伯记》①中提幔的智者所说的那样："他死，且是无智慧而死。"这是一个有相反论据的问题，就像望远镜问题一样，如果你增加某些好处，这些好处就会被同时产生的不足所抵消，结果就是，从数学上讲，善的限度是固定的。

————————

① 《约伯记》是《圣经旧约》的一卷，共42章，记载了义人受苦、他的朋友们与他的辩论以及上帝给他的回答等。

泰奥弗拉斯托斯

大概是这样吧！所有的发展都是有限的，这是因为供它们使用资源的环境是有限的。空间越大，资源的有限性就越不明显。然而，世界的理性发展并不取决于人类的进步，也不依赖于地球的有限资源。如果不同星球上，特别是不同恒星世界中的智慧生命能够相互交流，思想发展的局限就会无限减少。或许有一天，整个宇宙会组合成唯一团体和唯一资本。如果是这样，用于发展思想的资源就会取之不尽，用之不竭，我们就能用无穷无尽的资源来实现理想。

尤西弗罗

是的，但您的观点不仅不可想象，更不可实验。生命发展的法则是什么？微不足道的开端，缓慢发展，快速发展，相对完美，轻微衰退，快速衰退，死亡。一切都证明，在达到顶点之后，文明就会进入逐渐衰败的过程，因为人类道德和知识的力量是有限的。人类的发展就像个体的成长一样，有童年和少年，也有壮年和老年。到目前为止，我们还只在个体、国家和朝代的发展上观察到这种现象。人类身上一直都保留着青春和种族革新的源泉，以振兴衰老的社会。但有一天，这种源泉可能会枯竭。

您会对我说，我们中有野蛮人存在。但那都是衰老的野蛮人，比我们更衰老。在日耳曼种族中，特别是在斯拉夫种族中，有很多尚未开化、充满希望的人口。但在他们之后，我们看到的仅仅是种族的均等化。在这种情况下，最卑劣的种族因为数量众多而占据主导地位，一步一步摧毁过去高贵的种族。人类可能无法挽救没落，缺乏种族不平等这种正确观点，可能会导致人类的全面堕落。我认为地球的危机就在于，当个体的大部分行动都出于自私，而只有极少数人仍旧崇拜真善美的时候，地球将落入一种状态，即所有人都清晰地认识到自己的权利，从而不可能再产生无私的想法。实际上，同一种族中极不公平的阶级不平等，是人类演变的秘密，它赋予世界以目的，鞭策世界向前发展。设想一下，如果地球上全是贱人，在普遍的平庸中，人人都追求享乐和安逸，而非崇高的理想。物质主义者只关心自己下流卑鄙的欲望。如果我们想不出办法让天才的意图占上风，未来就着实太可怕了。

此外，另一个重大危险来自于科学知识在有限头脑中无限积累。可怕的是，人类的大脑因不堪自身重负而破碎，人类的进步即意味着人类的衰落，就像一个方程式，本身已确定了自己的最大值。因此，可以预见这样一个衰落的时代，一个随后不再有文艺复兴的中世纪，再也没有人懂得哪怕只有那么一丁点高雅的哲学，拉普拉斯①的《天体力学》会成为一本注定会消失的天书，即使是印在上等牛皮纸上，

————

① 拉普拉斯（1749—1827），法国分析学家、概率论学家和物理学家，法国科学院院士。

也终将腐烂。

泰奥弗拉斯托斯

这是极有可能的，但对我们的论点没有影响。我们并不是说人类会达到绝对理性，而是说类似于人类的某种生命会达到绝对理性。成千上万次实验已经进行，还有成千上万次将要进行，只要成功一次就行了。就像您刚才说的那样，地球的力量是有限的。很明显，如果热力学理论在五六百年内还找不到煤炭替代品的话，人类就会陷入低劣平庸的状态，且再也没有办法脱离。但是，热力学理论会达到如此完美的水平吗？我对此有所怀疑。不利的反应可能会让人类停止思想，无法再进行超验性的思考。目前，只有五十多人能全面理解某些科学，并延续这些科学。这种仅存于极少数头脑中的文化，很容易被毁灭。只需一点严厉的审判，就像在十六世纪的意大利，路易十四对付新教徒那样的手段就足够了。文化的温度下降一两度，就足以损伤这些娇嫩的生命。他们就像温室里的植物一样，只能在非常有限的条件下存活。因此，人类很有可能淹死在能拯救它生命的救命稻草旁边。一个世界的所有生命，可能只依赖于一个人或一小部分人，只有这些人能帮助全人类绕过困境。可能会存在这样一些世界，在那里，本可以成为救世主的人悲惨死去，或者没能找到供其成长的条件和环境；在另一些世界里，某些灭绝者，某些像腓力二世①那样的人扼杀了文明的萌芽，成功阻止了思想的发展。

很多事情都能中断人类的发展，然而，不同的世界之间并不相通，文明的萌芽并不能互相学习，吸取教训，而只能在一次次失败后从头开始。古文明在毁灭之后，仍通过留存下来的文字和图形遗迹对现代文明做出了巨大的贡献。文艺复兴时期，人们对这些遗迹进行了研

---

① 腓力二世（1527—1598），哈布斯堡王朝的西班牙国王（1556年至1598年在位）和葡萄牙国王（称菲利普一世，1580年至1598年在位）。在他统治的时期，西班牙国力昌盛，但军事开支巨大，多次宣布国家破产。

究。相反，如果火星或金星上的生命曾尝试过发展和进化，对地球而言，这种尝试就仿佛从未发生过一样。

地球也将如此终结吗？很有可能，但并不确定。尽管地球不断衰老，但它拥有一种永恒的优势：不稳定性。平衡即意味着进步的终结，人类永远也不会像归巢的蜜蜂或蚂蚁一样达到平衡。

剩下的就不那么重要了。就像在上十亿个星体上发生的那样，地球很有可能尽不到它的责任，或许在尽到责任之前就不再拥有适合生命居住的环境。在这十亿个星体中，只要有一个星体完成自己的使命就够了。宇宙的实验，是在无限的世界中进行的。因此，从数量上说，必然有一个世界能产生完美的科学。注意，仅一次成功就够了。宇宙就像一次抽奖，奖券有无数张，都会被抽出，包括中奖的那一张。这并非天意，而是必然。

达到目的有两种方式，要么瞄得很准，要么发射很多次，必然有一发子弹击中目标。一颗精准射出、最终炸毁堡垒的炮弹，比得上一万颗没中的炮弹。花粉是多么浪费啊！只有百万分之一的花粉会进入授粉的瓣膜而成活；鳕鱼的产卵浪费就更大了。大自然就像一位随意挥霍原材料的工匠，一两次没打中并没有关系。它就像一个随意撒种的播种者，并不担心种子落在石头上。一万粒种子中只要有一粒开花结果就足够了。

假设生命的萌芽迷失在太空中，盲目地寻找适合其生存发展的准确地点，任何一颗萌芽遇到这一地点的概率都是极其微弱的。但如果萌芽的数量无限多，就一定会有一颗恰好落在那一点上。又或者，设想一个长达几十亿里的水晶穹顶，上面只有一个直径为一法分①的小

_____

① 1法分，约2.256毫米。

洞。有一只失明的昆虫，扇动双翅，试图从小洞里飞出去。它如果永远这样寻觅下去，就一定会成功，因为无限数量的机会补偿了成功的低概率。大自然从来都不会尝试避开死胡同。小鲸鱼在盆中不断长大，直到无法在如此狭小的空间中存活。一棵成长在石缝里的小树，和长在沃土上的树一样快乐。所有能发芽的都会发芽，不管之后的发展是否会中断。我还记得叙利亚阿穆尔河床底下的小乌龟。我知道河床会干涸，它们两天后就会死去，但它们并不去想这些，而是像从前一样快乐，一样活泼。

整个大自然都表现出对个体的蔑视。一座都城的辉煌来自外省提供的大量养料；在外省，数百万人过着默默无闻的生活，只为了让几只精致的幼虫破茧成蝶，最终扑火自焚。在愚蠢的现代人中，至少需要三千万到四千万人才能产生一位伟大的诗人，一位一流的天才。一个人口只有五六百万的社会很难产生这样的天才，因为总量太小，选择无法进行。天才来自于一部分人类的交融、压榨、提纯、蒸馏、浓缩。小星球不会产生天才。在一平方公里海水中，只能测量到一小块白银；在一平方米海水中，白银的数量之小就完全不能被察觉了。

一台机器所消耗的力中，只有一部分是有效的；对于宇宙而言，也是这个道理。但正如大自然中所有的机器那样，宇宙最值得注意的一点就是与总体能耗相比，它产生的效能极其微小。从经济学的角度讲，宇宙的机制在总体上是非常不完美的。宇宙就像一座工厂，烧掉的十万担煤中，只有一担是有用的。一百万个人中，有用的人只有一个。基于这个论断，我们就倾向于得出地球劣等的结论，似乎一个既没有蠢人也没有恶人的星球更好。但这只是错觉。求真的努力看上去微不足道，但只有这种努力才能延续，其他终将消逝。这就使得"真"的资本持续增长，即使一开始是由微小的积蓄积累而成。错误和蠢事会相互毁灭，而"真"是人类劳作的所有永久余数，所有动力因，所有净成果。从长远角度看，错误和肤浅终将毁灭，蠢人和恶人终将死去。

当然，有大量的人自私自利、追求物质享乐、缺乏信仰，对宇宙的理想目标不做任何贡献。但是，只要有那么几个人不是这样便足够了。哲学是人类之树的果实，跟粗大的树干相比，果实不足一提。一棵巨大的树只能产出像指头一样大的果实——这就是树的任务。哲学是创生之目的，其重要性不需赘述，但它却曾依赖为它辩护的王公贵族餐桌上那一点点碎屑而存活；今天，哲学靠着世人饭桌上的面包屑存活。条件虽然艰苦，但是比起给予哲学家应得的地位，这种情况其实更好。两个例子表明，将太多财富用于知识工作是很危险的。在中世纪，教会手上积累的财物大部分都用于宗教事务，而英国大学接收的大量捐赠中，只有少部分用于科学研究。

有一点是确定的：如果社会中每个个体的

克里斯蒂安·惠更斯
（1629—1695）

地位跟他做出的贡献成正比，那么，笛卡儿、牛顿、伽利略、惠更斯①才应该是他们各自时代的王公贵族或百万富翁。任何人都不可能得出结论说，某位银行家为社会做出的贡献是林奈②或安倍的一千倍。但是，经过思考，我们会发现，事情还是维持现状更好。甚至当整个地球都属于我们的时候，最好还是让世俗之人来统治。世俗之人的轻浮和自私，让他们免受我们这些人的认真、笨拙之干扰。富人和时尚人士看上去毫无用途，但

———————

① 克里斯蒂安·惠更斯（1629--1695），荷兰物理学家、天文学家、数学家，介于伽利略与牛顿之间的一位重要的物理学先驱，是历史上最著名的物理学家之一，他对力学的发展和光学的研究都有杰出的贡献，在数学和天文学方面也有卓越的成就，是近代自然科学的一位重要开拓者。他建立向心力定律，提出动量守恒原理，并改进了计时器。

② 卡尔·冯·林奈（1707—1778），瑞典生物学家，动植物双名命名法（binomial nomenclature）的创立者。

他们其实比我们所想象的更有价值。必须要有
这种人来乘坐豪华的马车，组织热闹的舞会。
一言蔽之，就是必须要有这些人来完成让智者
厌倦的活计，进行那些让智者分神的危险享
乐。

　　对于那些替我们成为富翁的人，我们不知
该有多感激。只有少数头脑有能力探讨哲学。
梳妆打扮、林中漫步、华丽的马车、歌剧院、
赛马这些活动消耗掉了无处释放的精力，让人
类有价值的脑细胞空闲下来，不再受社交舞的
纷扰。是啊，这种喧闹生活之所以必要，就是
为了让居维叶[①]、葆朴[②]这样的学者能够不受
打扰，在书房里静心研究，既不会迫不得已也
不会受到引诱而把时间浪费在这种虚浮的事

---

① 乔治·居维叶（1769—1832），18世纪至19世纪著名的古生
物学者，提出了"灾变论"，是解剖学和古生物学的创始人。
② 葆朴（1791—1867），德国语言学家，第一位以梵语和欧
洲主要语言之间存在着的密切关系为依据，进行历史比较语
言学研究的学者，他和丹麦的拉斯克、德国的格里姆一起成
为历史比较语言学的创始人。

情上。所以，拥有显赫阶级的国家，往往都是最适合科学家发展的国家，因为在这样的国家里，他们既没有政治责任，也没有社会责任，没有任何事情可以让他们误入歧途。这也解释了为什么科学家会自愿顺从武将和贵族，虽然这种顺从中通常带有一丝嘲讽。在武将和贵族身后，科学家可以安静地生活，而神甫的教条和平民的肤浅却让他们浑身不舒服。

理性有的是时间，这就是它的力量。它不会错过任何好时机，相反，一切不理性的事物都会坠入虚无。即使不离开地球，人类的力量离最终退化还有好几个漫长的世纪，还会经历一系列腐朽和复兴。成熟的果实腐烂之时，新的果实正在成形。人类还将经历不可计数的考验。在无尽的意识中，总有一种意识会通过狭道，进入海港。

尤西弗罗

那么，您是不是跟黑格尔一样，认为上帝

并不存在，但将会存在呢？

泰奥弗拉斯托斯

不完全是这样。理想存在，且永远存在，但它还未在物质层面被赋予客观实在性。但某一天，它终将成为实在。某一种类似于人类的意识将赋予理想以客观实在性。这种意识与人类相似，却无限地高于人类。它之于我们现在这种丑恶、低微的状态，就好比完美的蒸汽机之于落后的马尔利的机器①一样。所有生物的普遍使命，就是让上帝完美，为最终的大合力做出贡献，而这最终的力量将统一一切，结束所有事物的循环轮回。到目前为止，理性并未参与到这一杰作之中，它只是在各种隐约不明的趋势中盲目地形成。终有一天，理性会着手指挥这一伟大的工作，在让人类成形之后，也将让上帝成形。

---

① 法国国王路易十四在凡尔赛宫修建了许多华丽的喷泉和水景，却没有充足的供水，于是在马尔利附近用水泵将塞纳河的河水引到凡尔赛宫。

在此，无穷无尽的时间是首要因素。我们完全不知道一万年前发生了什么；人类的科学发展在不到一个世纪前才刚刚开始加速。一万年后，十万年后，人类会变成什么样子呢？十亿年后，世界会变成什么样？十亿年前，地球或许还不存在，它被淹没在太阳的大气层中，月球还没有从地球分解出来。十亿年后，地球又将变成什么样？很难说。但毫无疑问，这一天终会到来。人们完全不了解地球内部物质的状态，而这些物质就在离我们五百里的地方存在着。

此外，还应该考虑到，现在的人类掌握了祖先并没有掌握的工具——科学。在距今不到一百年的时间里，科学创造了蒸汽机、铁路、电报、摄影术、煤气照明以及千万种化学发明。目前，科学在军事上的运用仅有八到十年的历史，这些运用带来的变化如此之多，把腓特烈二世和拿破仑一世都搞糊涂了。现在的人们根本不可能预测工业和军事在一百年后的状态，试图预知一千年后、一万年后会发生什么，就更是空想了。然而，一万年后，地球一定还存在，尽管那时的地球可能已经遭到相当严重的破坏，但它仍将适宜居住。

我承认，煤的枯竭和自私自利思想的普及将对文明构成重大威胁。同样，吝啬的民主这类思想的传播也好比某种煤的枯竭；到那时，道德和奉献将荡然无存，人类古老的传统将消失殆尽。我有时会觉得未来的地球将被白痴占领，他们靠太阳取暖，利欲熏心、游手好闲，一味追求物质享受。科学可以防止以下两种有害情况的发生：一、在太阳能和潮汐能这两种珍贵的能源消失之前，找到储存它们的方法；二、发展军事，让它成为高人胜士手中有组织的制约力量。现代军事基本上就是这样发展的。这些军队让统治者得以对无纪律的非武装群众实施有效的控制，但有一个不可救药的内在弱点，那就是它们皆由普通百姓组成，如果普通百姓普遍利欲熏心，就不可能依赖他们自己来对抗利益和欲望，由少量智者以秘密的方式统治人类更为可靠。普通百姓不可能窥其奥妙，因为要想运用这些方法，就必须掌握极多抽象的科学知识。

因此，科学是神意的伟大代理人。在理论层面，它代表着宇宙的认知；在应用层面，它提供了力量强大无比的工具和手段。实际上，直到现在，意识的进步都只是通过大自然的力量完成的。那是一种本能，它与支配动物生长的本能并无差别。终有一天，人类的思考将为意识的进步做出贡献。科学将改造本能世界，很多至今仍被视为本能的行为都将进入思考的范畴。

欧多克索斯

艺术会因此面临危机。

泰奥弗拉斯托斯

的确，伟大的艺术本身会消失。那一天终会到来，艺术将成为过去的事物，一种昙花一现的创造。它属于非理性的时代。人们会依然崇拜艺术，但同时承认不会再有艺术了。古希腊的雕塑、建筑和诗歌就是实例。这些古老的人造奇迹在今天看来简直是不可能的事物，即使有人造出极好的仿制品，那也仅仅是仿制品，既无存在理由，也没有生命力。今天的艺术相比于那些古老的杰作，就如同砾石建筑之于大理石大厦一样。随着人们不再裸着上身行走，形体之美变得无关紧要，雕塑的繁盛期也就结束了。个人英雄时代的终结宣告了史诗的终结：炮兵部队就没有史诗。因此，除了音乐之外，每种艺术都依附于一个过去的时代。音乐可以被认为是十九世纪的艺术，但它终有一天也会走到尽头。诗人呢？君子呢？诗人提供宽慰，君子提供疗愈，这两者都至关重要，但同时又无比短暂，因为他们都必须以恶的存在为前提，而科学则要消灭恶。

人类的进步绝不是某种美学的进步。大自然通过美德、艺术和科学来达到自己的目的，而这三者之中，科学尤为重要。或许有一天，伟大的艺术家和道德高尚之士将成为一种毫无用途的古老存在；相反，科学家会越来越有价值。随着科学的到来，美几乎会消失，但科学和人类力量的强大也是美好的事情。以生理学为例：它取代医学这种古老的全凭经验的例行公事之后，将无所不能。到目前为止，人的出生和教育几乎都是偶然的，没有任何科学可以为之提供合理的解释。某一天，化学将能模仿树叶，通过截取空气中的碳酸，生产出优于植物和牲畜的食物。我们可以想象一下，当这样的一天到来时，将会发生什么样的社会革命。人类的生存将不再依赖杀戮，屠宰牲口的可怕场景将成为历史，教育将空前进步。当人们掌握决定胚胎性别的法则，并能够随自己的意愿去应用这一法则的时候，将会发生什么？这些科学突破很可能在不远的将来就会发生。

菲拉莱德

您的诸多观点和泰奥克提斯特的想法很相

近，他很恼火自己今天没能过来。

欧多克索斯

泰奥克提斯特夸大自己的观点，试图给那些只能被模模糊糊瞥见的东西描绘出具体的画面，这是错误的。但他阴沉的云中有时也会露出光芒，而且，他做事认真，行为高尚，人也很是简单真诚。（对菲拉莱德说）尽量把他带过来吧！

菲拉莱德

他明天会来的。

第三篇

幻　想

人物

菲拉莱德

尤西弗罗

欧多克索斯

泰奥弗拉斯托斯

泰奥克提斯特

菲拉莱德

（回到桌前）泰奥克提斯特，我们已经花了整整两天的时间，尝试一起汇总对宇宙最终目的和原动力的看法。我们知道，您也跟我们一样痴迷于这样的思考，并享受着思考带来的平和。我们几个人在这一点上基本达成一致，即世界的目的生发于某种理性的、逐渐趋于完美的意识。我们还没有发现比人类更高的意识，但是，尽可以大胆想象这种意识将来在人类中的发展，更不用说它们可能存在于其他星球。

泰奥克提斯特

我想得更远：人类之外的生命。这些生命

有着超越人类的形态，简单来说，它们给宇宙指定了一个高于人类的目的。

菲拉莱德

请跟我们谈谈您在这方面的观点。

泰奥克提斯特

这就是幻想。

欧多克索斯

如果每个人都把自己关于无限的幻想记下来，通过对这些幻想的比照，某些真理或许就会出现；但很少有人会做这种幼稚的事情。

首先需要统一对"意识"一词的定义。当然，一种意识只有在达到个体同一性的时候才完整。所谓个体同一性，即拥有唯一的感觉中枢。这种感觉中枢由神经组成，驱动着一个特定的机体。然而，非人格化的生命体也是存在的。法国、德国、英国这些国家，雅典、威尼斯、佛罗伦萨、巴黎这些城市，就像拥有性格、思想，且受到某种特定利益驱使的个体一样行动。我们可以像推究一个人那样去推究它们。它们如同活生生的人一样，也拥有隐秘的本能，拥有对自身本质和生存的感知。如果撇开政治不谈，一个国家，一座城市，就好比动物，当涉及到自身生命或物种延续时，它们是那样地灵巧和高深。教会、宗教以及构成有机整体的所有组合，都像个体那样行动。现代生理学的最伟大进展，就是证明了植物和动物的生命不过是其他生命的合力；这些生命以和谐的方式从属于高等的动植物生命，形成了一个独一无二的合奏。脊椎动物的生命是每一根脊椎骨之特性的合力，一棵树是千万根枝桠的合力。同样，所谓"意识"，也正是千百万趋向于同一目标之意识的合力。每一个细胞都包含完整个体的全部信息；许多细胞聚集起来，就构成了第二度的意识（人或动物）。这些第二度的意识再相聚集，就形成了第三度的意识。城市的意识、教会的意识、国家的意识，都由千百万个拥有共同想法和共同感知的个体构成。对于唯物主义者而言，只有原子是完全充分存在的；但对于真正的哲学家和唯心主义者来说，细胞比原子存在得更加充分，个体比细胞存在得更加充分。国家、教会、城邦比个体存在得更加充分，因为个体会为这些实体献身，而粗浅的唯物主义仅仅将这些实体看作是纯粹的抽象概念。

在我看来，爱是生命这种内在法则最强大的表现形式和最明显的论证。爱只能用胚胎之意识的预先存在来解释。成年个体的身上带有几百万种隐秘的知觉，每一种知觉都渴望存在，向往存在；每一种知觉都模模糊糊地感知着自身的发展状态，分享着它的欲望和悲伤。道德最高尚的人也不能阻止自己身体内部几百万个初级造物的呼喊："我们想存在！"这些我通常称为"潜在人"的小生命长得跟我们一样，是我们的一部分；它们通过我们的眼睛观察，通过我们的感官感觉，并本能地判断能让自身成形的最佳环境。

　　这就是为什么爱会不可避免地生于我们，且一旦生成，便不再依附于我们而存在。爱与道德意识没有任何关联，因此爱和责任的抗争便成为高雅艺术的基本素材之一。这些小生命并不具有道德观念，它们没有读过马尔萨斯①，只想完全充分地存在。这些小生命既不懂我们的各种讲究，也不懂我们对当下社会的各种反对意见，而是拥有独立于我们的伦理。因此，抽象哲学和我们身上这些小生命的简单判断之间就产生了纠葛。这些小生命是我们的一部分，它们通过自身的欲望，让我们也产生欲望。这种纠葛，是一个会思考且能够清楚认识自己行动之后果的生命和一个只渴望存在的小胚胎之间的纠葛。所以，那些为我们蔑视的人通常却能激起我们的性欲；在渴望存在的过

_____

① 托马斯·罗伯特·马尔萨斯（1766—1834），英国教士、人口学家、经济学家，以其人口理论闻名于世，主要著作有《人口论》。

程中，"潜在人"只遵循自己的伦理逻辑。社会上的很多难题便由此而生。完美婚姻的两大前提是发自内心的尊重与和谐的性爱，而这两者可能共存，也可能并不一致。同样的后果，也就是胚胎的个体性，产生于遗传和旧习。胚胎的初期发展以及每个个体成长的方式，都是前辈习惯和经验积累的结果。每个个体都受到过祖先的影响，领略过他们的态度，服从过他们的欲望和他们居高临下的意见。农奴的重孙仍是弯腰驼背，获得解放的平民还是会本能地绕开曾让祖先颤抖的统治者走过的路。性本能的堕落，不就是初级生命在没有斯多亚学派①所谓的"霸权特性"、"理性"在场的情况下，屈从于不正确的指示而犯下的过错吗？

以此为出发点，我们就可以构想人类未来

---

① 斯多亚学派是古希腊罗马哲学学派，认为世界理性决定事物的发展变化。所谓"世界理性"就是指神意，它是世界的主宰，个人只不过是神的整体中的一分子。晚期斯多亚学派学说主张对神意与不可避免的命运无条件地屈从，对基督教影响很大。

的意识——一种无限高于现有状态的人类意识。到那个时候，人类就会像一棵巨大的树，个体就是树上的芽，所有的意识最终都将形成一个单独的意识，就像早期教会所说的那样："众多的信徒拥有一颗心，一个灵魂。"今天，国家已经在制造类似的东西了：它拿着追求物质享受的纳税人的钱，创造出艺术、科学和善这些理想。同样，君主制国家通常由一个个体或一个家庭统治，并以此达到最高水平的国家意志。对上帝意识未来形态的猜测可以归结为三种形态：君主制、寡头政治和民主制。这三种形态分别对应三种对于普遍意识的构想：认为它应该统一并集中于某个个体，或者认为它应该由掌握权力的少数人制定，或者认为它通过契约或普选而存在于所有民众身上。

尤西弗罗

此言甚妙，我们洗耳恭听。

泰奥克提斯特

根据我们所习惯的哲学思想，民主制仿佛是最不可能实现的形式。请注意，这不是在谈政治，我们知道自己在说什么。

尤西弗罗

的确如此。

泰奥克提斯特

让二十亿地球人全部都信奉理性！你能想象吗？大部分人都厌恶真理。妇女不仅不适合寻求真理，且这种活动还会剥夺她们的本职工作，即保持善良或美丽。事实如此，这并不是我们的错。必须相信，大自然的目的并不是让所有人都认识到真理，而是让某些人认识到真理，且让传统以此延续。

在神学家眼里，民主的主张本质上就是错误的。所有的意识都是神圣的，但并不是平等的。不平等到何种程度呢？动物也有自己的权利。澳大利亚土著人到底该拥有人的权力还是动物的权力呢？

　　培养所有人是社会的首要责任，但把所有人都培养到同一水平是不可能的。在当下的社会中，这样做甚至毫无益处。上过学的人并不会因为学习了知识而更加幸福，也并不会因此而成为更好的人。不求甚解，浅尝辄止，并不会让他获得良好的文化修养，反而会让他丢失天真无邪的魅力。必须承认，如果没有一部分人甘愿为之服务，只在少部分人中流行的高雅文化是不可能形成的。关键是要让高雅文化建立起来，统治世界，去影响不那么有文化的那一部分人。完成这些工作后，我们就不用再为难这些人，或者迫使他们保证信奉上帝。教会错误地认为应该迫使人们拥护他们无法理解的教义。已经成为主宰的科学，其做法或许更像伊斯兰教，而不是天主教。天主教曾扮演过迫害者的角色，因为它认为信仰是以"事

效性"①的方式作用于无法理解该信仰的个体
的，就像服下一颗成分不明的药就能得到拯救
一样。

相反，伊斯兰教从未强迫过战败者成为
穆斯林，也从未坚持让他们转变信仰。同样，
我们也不认为让一个不懂科学的人信奉科学会
有任何好处，他只要为之服务并顺从于它的力
量就足够了。只要智者认识真理、崇拜真理，
地球上成百万的人无视或否认真理又有什么关
系呢？为什么非要拿并不适合这些人的思辨方
式去为难他们呢？阿尔贝定理②或柯西定理③
并不会因为只能被几百个人理解而失去一分一

----

① 原文为拉丁语ex opere operato。
② 尼尔斯·亨利克·阿贝尔（1802—1829），挪威数学家，首
次完整给出了高于四次的一般代数方程没有一般形式的代
数解的证明。他也是椭圆函数领域的开拓者，阿贝尔函数的
发现者。
③ 柯西（1789—1857），拥护波旁王朝的正统派，虔诚的天
主教徒，在数学领域有很高的建树和造诣，很多数学的定理
和公式也都以他的名字来称呼，柯西积分定理（或称柯西-
古萨定理），是一个关于复平面上全纯函数的路径积分的重
要定理。

毫的准确性。这些高深的真理只要被一小部分人认识并记录下来供后人探索，就足够了。理性和科学是人类的产物，但若是声称为了大众的利益，让普通老百姓都拥有理性，这便是空想了。理性本身并不需要被全世界都理解和领会才能充分存在。无论如何，低贱的民主制都不可能实现这种启蒙；相反，这种制度似乎必然导致所有高深学科的灭亡。美国社会或许比其他任何社会都更远离科学的统治。社会仅为个体的幸福和自由而存在，这一原则似乎并不符合大自然为了物种发展而甘愿牺牲个体的做法。理解民主有很多方式，但如果按照目前的理解进行推论，民主最终将催生一种社会状态，在这个社会中，民众碌碌无为，自甘堕落，贪图享乐，宁愿在低级趣味里耗尽一生。

欧多克索斯

我们不明白上帝为什么要造出一个世界来达到如此毫无价值、粗俗平庸的目的。但是，在欺骗人类和征服人类之间，还有一样东西更有价值——说服人类。

泰奥克提斯特

上帝也许可以通过宗教信仰间接地说服人类，但想要以直接论证的方式让人类信服，就不是那么容易了。我们花了整整四十年去思考，苦思冥想一辈子，放弃所有消遣，牺牲所有财富甚至责任，才对这些难解的问题有了一些大致的看法。怎么可能要求全人类都这样呢？

菲拉莱德

的确如此。

泰奥克提斯特

因此，几乎可以肯定的是，民主制不利于上帝的发展。宗派主义的民主制甚至是一种典型的神学错误，因为世界所追寻的目的，并不是让出类拔萃的精英平庸化。恰恰相反，世界的目的是创造神灵，创造更高级的生命，让其他有意识的生命崇拜他们，并心甘情愿地为之服务。上帝并不想让所有人都在同一水平上过真正的精神生活。这样说来，民主就与上帝的意志完全相悖了。人们厌恶旧制度，因为旧制度禁锢思想，曾让科学家寸步难行；但一个缺乏理想的民主社会并不见得就更利于科学家的发展。目前，民主是唯一的选择，因为相比于旧制度，民主制并不那么反对思想进步。然而，在长远看来，这种制度对民众的放任自流可能是灾难性的。科学最不可或缺的就是献身精神，伤风败俗、不求上进的国家不会产生科学家。科学家是自我牺牲和忘我精神的产物，是两三代人辛勤奉献的结果。通常需要几代人的努力，才能产生一位科学家。科学家不可能自动产生，他们的成长需要土壤。一个自私自利、贪图享乐的国家不可能产生救世主。勤于思考的智者必须找到一群能为他干活的人，这些人只要埋头做事，并不需要理解或喜欢自己手头的工作。还有什么比它更与民主精神相悖呢？这种民主只承认它能够直接理解，或者更准确地说，它认为自己能理解的东西的价值。肤浅的教育让忘我精神变得愈发罕见，因为接受了这种教育的大众满脑子都是愚蠢的虚荣；这些人很有可能并不愿意贡献自己的力量去供养一种高于自身的文化，换言之，他们不会甘愿做别人的奴仆。

总的来说，人类的目的就是培养伟大的人。伟大的事业将通过科学来完成，而不是民主。人类的救赎，终将由为数不多的伟人来实现。救世主的事业是由一个人而不是一群人完成的。我们对某些国家——比如法国的评论就有失公允，说这些国家只生产花边这类精美之物，而不是粗麻布。然而，正是这些国家为人类进步做出了最大贡献。人类发展的关键，并不是培养知识渊博的大众，而是培养伟大的天才以及能够理解这些天才的大众。如果大众的普遍无知是培养天才的必要条件，那么也只能如此了。大自然不会在这样的困难面前止步，它情愿牺牲某个物种，以让其它物种获得生存的必要条件。

　　而且，如此安排，并不会产生受害者。所有的人都在为更高级的目的服务。播种人撒出去一把种子，种子即使是落在石头上也能发挥自己的作用。就个人幸福而言，我也说不清谁是不幸者！每个人在自己的位置上都是幸福的。贵族和平民拥有我们这些人并不享有的千万种欢愉，他们尽情娱乐，随意消遣。在路过这些头脑简单的人的聚会时，我们中谁没有那么一点点羡慕呢？在听到他们欢快的歌声时，我们中谁又没有那么一点点眼红呢？我们为了实现纯理性而梦想的这个高等世界里将没有女人。女人仍将是卑微者的奖赏，为了让他们有动力活下去。这些卑微者并不是最可怜的人。

欧多克索斯

　　听着您的话，我总想引用阿里斯托芬剧作中斯瑞西阿德的那句话："即使您费尽口舌也说服不了我。"但我们还是很想知道，您所谓的"宇宙问题的寡头制解决方式"是什么意思。

泰奥克提斯特

比起民主制的解决方式，这种办法构想起来就简单多了。它完全符合大自然显而易见的安然。精英们掌握着现实社会中最重要的秘密，他们将用强有力的方式统治世界，并努力让理智盛行。

欧多克索斯

泰奥克提斯特昨天也提出了同样的想法。

泰奥克提斯特

很多看法都殊途同归。随着科学在军事上的应用越来越广泛，普遍的统治将成为可能，拥有高科技武器的人会获得统治权。实际上，武器的改进将导致社会走向民主的反面；它倾向于强化权力，而不是民众，因为高科技武器将为统治者而不是为平民百姓服务。

在中世纪，贵族相对于平民有绝对的优势，因为他们独占良马和盔甲。莫城集市的桥上，二十七位骑士曾在一天之内歼灭了所有起义的农民。火药一开始仅为王权服务。未来可能会出现一种高科技武器，如果没有科学家操作，它就是一堆废铁。到那个时候，一小撮人就能以毋庸置疑的权力统治其他人；老百姓想象中无所不能的巫师就会成为现实，建立在精神和理智优势的基础上的教权也将成为现实。婆罗门教之所以盛行了几个世纪，皆因为人们相信婆罗门僧侣只用一个眼神就能把敌人击毙。这种建立在错误之上的信仰，并不能提供坚实的依据；但或许有一天，科学会拥有类似的权力，且其中不会掺杂任何幻想。科学是如此优越，以至于造反甚至也不会存在了。几个世纪中，基督教的教义都认定否认该教义的人该被烧死；同理，科学的信条也会有理有据地摧毁那些不相信它的人。中世纪的教会声称能统治人们的精神，但是它自身力量不足，一直处于弱势，不得不寻求世俗力量的帮助，而世俗力量反过来会削弱教会的律法。只有拥有武器，拥有了仅属于它的有形力量，神权才真正强大，就像婆罗门僧侣用可怕的眼神一招制敌那样。

在宗教时代，教会并没有可靠的军队，却可以利用人们对地狱的恐惧实施控制。但是，当人们不再害怕下地狱的时候，正如我们不再相信婆罗门僧侣的眼神能放出闪电的时候，教会的力量就不是那么强大了。我有时会做这样的噩梦：有一天，某政权真的拥有了地狱，不是没有证据的虚幻的地狱，而是实实在在的地狱。

欧多克索斯

这也太耸人听闻了吧！

泰奥克提斯特

我所说的难道比我们眼皮底下正在发生的

事更可怕吗？战争散播预防性的恐怖，人质经受折磨，不是因为他们有罪，而是为了杀鸡儆猴，恐吓民众。卢瓦侯爵①之后遭到抛弃的原则，现在又被公开承认：残忍是一种力量，是人们不该放弃的优势！依照这个观点，一个完善的地狱比得上一支军队，因为它能在人们心中唤起同样的恐惧。阿尔瓦公爵②对此熟稔于心，权臣阿加托克利斯和迦太基人也都把残酷无情作为战略的一部分。我们认真分析后就会发现，他们掌握的力量只是我们的恐惧，而这种恐惧可以来自真实的威胁，也可以来自想象中的威胁。如此看来，暴力和欺骗是对等的，暴力可以代替欺骗，反之亦然。高卢的神职人

① 卢瓦侯爵（1639—1691），路易十四时期的陆军大臣，对法国军队的改组有突出贡献。
② 阿尔瓦公爵，是西班牙王国最悠久的公爵封号之一。该公爵家族源于巴尔德科内哈的领主阿尔瓦雷斯·德·托莱多家族，其成员费尔南多·阿尔瓦雷斯·德·托莱多于1439被封为阿尔瓦伯爵，其子加西亚于1472年被卡斯蒂利亚国王恩里克四世封为阿尔瓦·德·托尔梅斯公爵，成为西班牙贵族。

员利用法兰克人对圣马丁①的恐惧，有效制止了他们的烧杀抢掠，而这种迷信对成吉思汗或是帖木儿来说却毫无用处。

欧多克索斯

您不应该离题去讨论这些毒害人心的思想。您难道看不到，人类与生俱来的道德感总是会阻止暴行的发生吗？您难道看不到，您臆想中的这些怪兽根本无计可施？

泰奥克提斯特

别逼我太紧，要不然我就会提出一种假设，它会让我的噩梦变成现实。我从来没有说过未来会是美好的。谁能保证真相就不令人痛苦呢？在人类社会中，权力之所以一直存在，正是因为专制君主像利用工具一样掌控着未开化的民众。那些崇尚实证主义的暴君不会有

① 圣马丁（316或336—397），图尔的主教，富有传奇色彩的基督教圣徒之一，也被尊为军事圣人。青年时期在罗马帝国军队服役，后放弃军职，转事神职。

任何顾忌，他们会到亚洲的偏远地区，供养一群巴什基尔人或卡尔梅克人①作为战争武器。那些顺从的机器不受任何道德约束，可以恣意残暴，为所欲为。此外，也请注意，我所假设的是人类意识取得巨大进步，从而史无前例地实现真和善。我认为，这一伟大功绩并不会由所有的人，而是由领导人类、代表着人类理性的贵族阶级来完成。显然，如果统治者仅仅由个人或阶级的私心所驱使，那么，一部分人对另一部分人的绝对统治就是丑恶的。但是，我设想的贵族阶级将是理性的化身，它将绝对可靠，永不犯错。这一阶级掌握着正义的力量，人们心甘情愿地接受它的统治。它将成为最典型的合法力量，因为它把真实的观点建立在真实的恐怖上，而教会或婆罗门教的力量则依赖于一个虚妄的错误。婆罗门僧侣的眼神从未劈死过任何一个人，他们是将错误的教义建立在毫无根据的恐惧上。掌握科学的人，则将利用

————————

① 巴什基尔人，俄罗斯民族之一；卡尔梅克人为居住在伏尔加河下游里海西北沿岸俄罗斯卡尔梅克自治共和国的居民。

无尽的恐惧捍卫真理，建立在想象之上的其它恐吓就变得毫无用处了。低等之人很快就会被证据征服，反抗的想法也就消失殆尽。

终有一天，真理将成为力量。"知识就是力量"是迄今为止最美的一句话。无知者也将开始相信这一力量，理论将被实践证实。某种理论将制造出征服一切的可怕机器，以不容置疑的方式证明它的真实性。人类的力量因此将集中在极少数人手中，他们将决定地球生命的存亡，并利用这种威胁来恐吓整个世界。实际上，少数特权者一旦掌握毁灭地球的方法，他们的统治也就建立起来了。这些特权者将利用绝对的恐怖实行统治，因为所有人的生死都掌握在他们手中。人们甚至可以说，他们将成为神。到那个时候，诗人佩特罗尼乌斯想象中原始人类的神学状态将成为现实："Primus in orbe deos fecit timor"①。

_____

① 拉丁语，意为"一切宗教都源于恐惧"。

因此，我们可以设想这样一个时代：权力将建立在理性之上，而不需要再依赖欺骗。欺骗只是弱者的武器，是权威的替代品。到那时，全民对理性的崇拜将成为现实；任何抵抗理性、不承认科学之统治地位的人，都将为此付出代价。庆祝"理性节"是多么幼稚！因为所谓理性的军队，是由愚蠢无知的粗俗武人组成！当理性成为万能之时，它就会变成真正的神。到那个时候，就不需要再谈论权威了。目前，"权威"一词所表达的仅是观点的力量，而这种力量只是语言的诡计，并无效力。理性的力量将成为首要的有效力量，因为所有否认这种力量的人都将受到死亡的惩罚，无一例外。从前仅存于人们想象之中的上天的报仇将成为现实，但现实将远高于神话，因为神话中的上天的报仇并不基于任何真理，且总是迟来，而科学法则的惩罚则是必然而及时的，且像大自然的报应一样无法逃避。

欧多克索斯

您有一个观点大错特错。您假设科学的疆域将无限扩张，这一点没有问题；但您并没有考虑到人类思维能力的局限性。很明显，您刚提到的科学和权力的进步大大超过了任何一个大脑的能力。在您所设想的理性统治和极有限的人类智力和体力之间有矛盾。

泰奥克提斯特

我已经跟您说过，我现在所坚持的思想秩序并不完全跟地球有关系，它已经超出了人类的范畴。拥有知识和思想的主体可能总是有限的，但知识和权力是无限的。因此，有思想的大自然不用离开已知的生物圈就能变得更加强大。生理学和自然选择原则的发现和广泛应用，可能会导致更高级的人种出现；这些人天生拥有统治的权力，并不仅仅是因为他们掌握科学，而是因为他们生而优越，智力和精力都超乎常人。他们将成为神，比我们的价值大十倍，在非自然的环境中也可以存活。目前，大部分物种只能在自然环境下存活，但科学可以突破生存能力的限制。到目前为止，大自然已经倾尽全力，不会再有任何突破了。大自然未竟的事业，应该由科学来完成。植物学可以通过人工干预让某些作物存活，如果没有人类的干预，这些物种就会灭绝。可以设想这么一个时代，创造每一个"神"都有一定的估价，而这些成本包括昂贵的器械、缓慢的作用、繁复的选择、复杂的教育和艰难的保养。到那个时候，人们就可以在中亚建造一座阿萨神族①的作坊。如果你反感这些神话，就请看看蚂蚁或蜜蜂分工时的做法，特别是想一想植物学家为了自己独特的创造而使用的方式。畸形的产生，总是因为一个器官萎缩，而另一个器官却过度发达。还记得欧仁·比尔努夫②说的吠陀医生的名字是什么意思吗？正如并蒂花的形成

---

① 阿萨神族是北欧神话中两大神族中的一支，代表着世界秩序神格化的存在，由许多不同特质的神明所组成。
② 欧仁·比尔努夫（1801—1852），法国语言学家、梵语专家。

源于花的畸形发展，或许某一天，人们能找到一种办法，让身体萎缩而让大脑极度发达。毋庸置疑，我们现在谈论的并不是那些创造出不完整生命的可耻的消灭，而是一种隐秘的输血。正因这种输血的存在，大自然用于进行各种活动的力量才会导向同样的目的。

因此，地球之外可能存在着另一些生命。人类之于它们，就好比动物之于人类一样微不足道。某一天，科学或许能用更高级的机械代替动物，正如化学用更加完美的人造物代替植物一样。人性源于兽性；同理，神性将源于人性。未来，某些更高级的智慧生命将利用人类，就像如今的人类利用动物一样。人们从来不会停下来想一想，自己迈出的每一步其实都会碾碎不可胜数的微生物。但是，我再次强调，智力上的优越性必将导致宗教上的优越性。那些未来的主人将成为人们心中真和善的化身，我们将心甘情愿地服从于它们。

民主主义最反对的，就是种族之间的不平等以及种族优越性为权力赋予的合法性。民主的目的远非提升种族，而是使其堕落。民主不想要伟人。如果这里有一位民主主义者，听到我们谈论怎样用更加完善的方法为某一群人创造主人，他一定会有些吃惊。实际上，通过某种神权，把并不比普通人优秀的主人强加于民众，是荒唐且不公的。目前，法国的贵族就是一群毫无价值的废物，因为贵族的头衔四分之三都是沽名钓誉，剩下的四分之一则来自于封授，并非通过自身能力赢得。种族的优越性才应该是贵族的来源，而目前的贵族，并不拥有这一优越性。然而，这种优越性可能很快就会成为现实。到那时，贵族就会像科学一样真实可信，贵族的优越性就会像文明人之于野蛮人或普通人之于动物的优越性一样不可置疑。

所以，可以想象，将来，所有曾通过偏见和空想进行统治的，都将用事实和真理来统治；神、天堂、地狱、教权、君主制、贵族、合法性、种族优越性、超自然力都会通过理性重生。如果这样的事情某种程度上能在地球上发生的话，那必定是发生在德国。

欧多克索斯

您这是赞美还是批评？

泰奥克提斯特

随便您怎么想。法国总是倾向于自由主义和民主主义的解决方式，它的光荣也在于此：法国的理想，就是国民的幸福和自由。如果世界的终极目的就是保证个体能平安地享受他们确知的渺小命运，那么自由主义的法国就是对的，但是这样一个国家永远也无法达到伟大的和谐，或者我们所说的伟大的意识控制。相反，理性世界的政府似乎更适合德国，因为德国对个体的平等甚至尊严毫不在意，且国家的首要目的是增强种族的智力优势。

尤西弗罗

您忘了，在遥远的将来，世界上早就没有法国人、斯拉夫人或德国人了。历史甚至都不再记得这些民族之间微不足道的差别了。

泰奥克提斯特

我只想以目前的人类为例，指出未来大战的轮廓。

欧多克索斯

但是，您难道不觉得，人们感受到主人日益强大时，会猜测到危险的临近并提高警惕吗？

泰奥克提斯特

当然觉得。如果我们刚才阐述的观点从某种程度上来说是成立的话，那就必然会出现一股力量，专门破坏科学，特别是生理学和化学。跟这些迫害比起来，宗教审判简直不值一提。普通百姓会本能地猜测到他们的敌人。科学将再次藏匿。化学书会像中世纪的炼金术书籍一样，连累它的所有者。那种时代很可能来临。一个星球最危险的时刻，很可能就是科学破灭它的希望之时。那时恐惧就会出现，出现毁灭理智的反应。成千上万的人都可能沦陷在这狭道里，但最终必将有一个人跨过这狭道。理智最终会获得胜利。

此外，需求是最好的保障。未来的人们将离不开科学。在卑微的时代，比如中世纪，医学是理性唯一的支撑。病人不惜一切代价想要痊愈，如果没有一丁点科学，病是绝对治不好的。但是今天，战争、机械、工业都需要科学，即使是最对抗科学精神的人，也不得不学习数理化。无论以何种方式，科学必将取得统治地位，甚至对它的敌人而言也是如此。

欧多克索斯

您这种基于少数人理性的寡头的政治假说只能导致您对未来悲观失望。假设某种更高级的人类文明出现，您为什么不想让所有人都从中受益呢？在那种文明当中，天资的分配将比我们这个可怜的世界更加不均，因为一切都会统一和圣化成一种荣耀。但是，我还是想听听您怎样构想宇宙的君主制未来。我真希望这个未来没有那么黑暗。我需要一位天父，来摆脱您的地狱。

泰奥克提斯特

圣保罗曾精辟地说：（希腊语①）。六百年前，色诺芬尼说得更好：（希腊语）。

到目前为止，这样的箴言还没有实现。然而，鉴于时间的无限性，整个宇宙仅为一个人服务，这种一位论解决办法并不是不可能。类似的场景在路易十四和路易十五时期的法国就出现过。当时，整个国家都服务于国王的生活，所有社会功能都仅为国王的荣耀和快活而

———

① 原文如此，并未出现具体的希腊语句子，下同。

存在。可以想象这样一个世界，一切都服务于一个中心，整个宇宙归结于一个个体，一志论①将成为现实。全知全能的生命可能是神进化的终点：我们要么根据基督教神秘主义的梦想，认为这一个体和所有人互为幸福之源泉，要么我们把它想成是达到至高力量的个体，要么认为它是十亿生命的合力，就像宇宙间所有声音的大合唱。

宇宙以此达到完美，成为包含着无限时间和亿万生命的无尽中唯一的有机存在。充满生机的大自然会创造出一个中心生命，一首从亿万喉咙中唱出的宏伟赞歌，正如动物来自亿万个细胞，树木来自亿万株芽。我们将齐心协力，创造出唯一的意识；宇宙将成为一个无尽的珊瑚骨，所有曾经存在过的生命都将由同一条根紧紧联系在一起，同时过着个体生活和整体生活。

---

① 中世纪初期基督论学说之一，认为耶稣基督只有一个上帝的意志，而不同时具有人的意志。

我们已经通过道德、科学和艺术参与到宇宙的生命中，虽然这种生命还并不完美。宗教是参与宇宙生命的一种简略和通俗的形式，它的神圣性就在于此。但是，大自然渴望更加强烈的相通；只有完美的生命出现时，这种相通才会终结。到目前为止，这种生命还不存在。只有三种方式能感知某个生命的存在：亲眼见到它，听别人说起它，或看到它的行为痕迹。在这三种方式中，没有一种能让人察觉到我们所说的这种生命。但有一种可能性，就是在无限的空间中，一切皆存在。目前，只有极少数物质是有序的，且有序物质也具有很强的无序性。但我们可以假定存在一个时代，那里所有物质都将变得有序，几千个太阳将聚集在一起，组成唯一的生命。这生命将拥有感知，奔腾雀跃，快乐从它身上倾泻而出，汇聚成一条生命的洪流。这个活的宇宙将呈现出所有神经系统所拥有的两极：思想的一极以及享乐的一极。现在的宇宙，通过千百万个个体思考和享乐。将来有一天，会有一张大嘴品尝无限：令人沉醉的海洋将在那里流淌，一个永不疲惫的生命将从永恒中迸发而出。为了凝结这一神圣的整体，地球或许会被占用和糟蹋，正如人类毫无顾虑地揉捻一块藏着蚂蚁和小虫的黏土一样。你们还想怎样？我们就是这样做的。无论如何，大自然只关心一件事，那就是通过牺牲低等的个体，来获得更高等的结果。一个将军，一位国家元首，难道会顾忌小老百姓的生死吗？

宇宙间的全部快乐都将集中到唯一的生命身上，无尽的个体将为此做出贡献。除了我们肤浅的个人主义之外，还有什么与此相矛盾？说到底，世界就是一系列牺牲，我们习惯了用欢乐和顺从来缓和牺牲的痛苦。亚历山大大帝的战友为之而生，与之为伴。在某些社会中，民众以贵族为荣，他们称君主为"吾君"，认为君主的荣耀就是自己的荣耀。那些被天子当作食物吃掉的动物，如果它们知道自己服务的对象，应该也很高兴。一切都取决于目的；如果需要进行大规模活体解剖来发现生命的伟大秘密，一定会有一些人戴着桂冠甘愿献身。毫无目的地拍死一只苍蝇，这种行为是该受谴责的；而那些为了理想献身的生命则让人羡慕。在永恒之塔的建设中，无数生命逝去了，却没有留下一丝一毫的痕迹！为了一个生命自私的目的而牺牲另一个生命，是可怕而残暴的；但为了大自然的目的而牺牲一个生命，则是合情合理的。严格地说，由自私心理支配的人就是在吃人；只有尽一己之力为真和善做出贡献的人才拥有牺牲他人的权力。为了理想牺牲自己的生命，在大自然永恒的使命中就拥有了一席之地，这一荣耀是大部分生命无法企及的。在古代，屠杀动物献祭是一种宗教行为。这种为了绝对需要而做出的杀戮，好像需要用花环和仪式来掩盖。

大部分人需要别人替他们思考，替他们享乐。中世纪时，就有人专门替那些没有时间祈祷的人祈祷。大众要劳作，一小部分人替他们完成生活中更高尚的义务——这就是人性。成百上千的劳工和农奴辛勤劳作的结果，是一座哥特式的圣殿。这座雄伟的殿堂坐落于美丽的山谷里，茂密的白杨中，每天都会迎来虔诚的人们，为永恒的主唱圣歌。这就构成了一种相当美好的崇敬上帝的方式，尤其是当苦行者中有圣伯纳德①、吕佩尔·德多伊茨②或圣约阿希修道院院长③的时候。这山谷、这水、这树、这石，都倾尽全力向上帝呼喊，却发不出声音；而修道院给了他们声音。古希腊人的种族

———————————

① 圣伯纳德（1090—1153），法国教士、学者，他每天早晨都会问自己，"我为什么要来这里？"然后提醒自己，他的主要职责是要过圣洁的生活。在他的指导下，法国相继建立160多座隐修院。1170年，教皇亚历山大三世宣布他为圣人。
② 吕佩尔·德多伊茨，约1070年生于列日（今比利时境内），1129年3月4日于德国多伊茨（今德国科隆）去世，是一名列日的神学家，青年时期于圣劳伦修道院接受文学培训。
③ 圣约阿希修道院院长（约1130或1135—1202），是熙笃（又译西都、西多）修道会修士，也是天主教神学家，被熙笃殉道圣人名册记载为真福者。他将人类历史分为三个阶段研究，由此促使中世纪基督教千禧年主义的复兴时期的到来。但丁将他列于其天堂，并位于拉班莫尔和圣博纳旺蒂尔之旁。他享有双重声誉，既被奉为先知，也被归为异教徒。

更高贵，他们通过牧笛和牧羊人的嬉戏，向上
帝呼号。某一天，当化学或物理实验室代替修
道院的时候，还会出现更好的向上帝呼喊的方
式。但在我们这个时代，那些被解放的农奴，
可能会在修道院的土地上寻欢作乐。他们缺乏
志向，毫无理想，只能通过捐税让他们为更高
的目的服务，涤清他们一点点的罪恶。

　　少数人为所有人而生。如果改变这一秩
序，那就没有人能幸存。在哈夫拉①法老的统
治下，为建造金字塔而死的埃及人跟在棕榈树
下安闲度日的人比起来，生活经历要更加丰
富。这就是人民的崇高之处：他们并不渴望得
到其他东西，自私自利永远都满足不了他们。
如果他们自己不能享受快乐，他们就希望别人
能享受快乐。为了一位首领的荣耀，他们甘愿
去死；他们甘愿为了那些并不能带来直接好处
的事情而牺牲自己。我说的是真正的人民，是

————————
① 哈夫拉，埃及第四王朝的法老，他在位期间（前2520—
前2494）建成了狮身人面像。

那些无意识的群众。他们还没能悟出，人所能做出的最大蠢事就是丢掉自己的性命——不管是出于什么原因。

　　有时，我会把上帝想象成宇宙中的盛会；那是一种广泛的意识，一切都在其中反射、回响。社会的每一个阶层，都是这巨大机器的齿轮。这就是为什么每个生命都有他自己的美德。我们都是宇宙的工具；我们的职责，就是完成自己的使命。中产阶级的作用和贵族的作用应该有所不同；贵族的优点放到中产阶级那里，就会成为缺点。每个人的德行都由大自然的需求决定，一个没有社会阶级的国家是不符合天意的。圣文生是不是伟人并不重要；拉斐尔①若是品行高尚，也不会从中获得任何好处。天意由正直者、科学家和艺术家执行，但每一个人都参与其中。歌德为了作品而变得自私自利，这正是他的职责所在。艺术家超验的不道德，就

————————

① 拉斐尔（1483—1520），意大利画家、建筑师，"文艺复兴三杰"之一。代表作有《西斯廷圣母》《雅典学派》等。

是他至高无上的美德，假如这美德服务于尘世中的每一个人，帮助他们完成自身所承担的神圣使命。

　　我品尝着整个宇宙，感受着普遍的情感；悲伤的城市让我悲伤，快乐的城市则让我快乐。我享受着骄奢淫逸之人的乐趣、放荡者的放荡、世俗之辈对名利的贪恋，也感受着高尚之士的圣洁、科学家的沉思和禁欲者的庄严。我分享着他们的情感，我就是他们的意识。我为科学家的发现而喜，为有志之士的胜利而乐。如果这世界少了一样东西，我必会不快，因为我对这世界所包含的一切都了如指掌。唯一让我苦闷的，就是我们身处的世纪太过卑劣，以至于连如何享乐都忘却了。正因为此，我逃回过去，逃回十六世纪、十七世纪，逃回古代。那些曾经美好的、可爱的、正确的、高尚的一切，对我而言就如天堂。正是因为有了那些东西，不幸才难以击中我；在我头脑的剧场里，各式各样的想法依次上演。

菲拉莱德

您刚才试图说明，宇宙的意识如何可以比人类的意识更高级。我听说，您甚至有一种迂回的方法，能让个体的不朽变得可以想象。

泰奥克提斯特

更准确地说，是个体的复活。我指的并不是古希腊的诗学和理想。柏拉图主张死亡是一种善，是典型的哲学状态。在我看来，这种观点是不合理的。《斐多篇》中说，可以通过尽可能脱离肉体而达到灵魂的至善状态，这并不是真的。没有肉体的灵魂就是幻觉，因为没有任何证据能证明这种形式的存在。

的确，我认为死而复生是可能的。我经常像约伯一样说："我的这个希望藏在我的心中。"在连续的进化之后，如果宇宙化为一种绝对的存在，那么这个存在就将成为万物的全部生命。它将在它身上复活那些已经消失的存在，或者换句话说，所有曾经存活过的存在都将在它身上复活。当上帝变得既完美又全能，也就是说，当无所不能的科学力量集中在一双善良而正直的手中之时，过去就会复活，不公就会得到纠正。我们将越来越感知到上帝的存在；上帝越是存在，就越是公正。当所有为神圣使命劳作过的人都能感受到自己做出的贡献时，上帝的存在就是完整而无可置疑的了。到那一天，各种生命之间生来的不平等就将永存。从未为真和善做出任何贡献的人，将一无所获。姗姗来迟的回报和即时到来的回报，效果是一样的，正如沉睡十亿个世纪和打盹一小时并无差别一样。而且，如果我所想象的报应立即到来的话，我们的死期也将来临。不管是唯心主义者还是基督徒，"愉快地等待复活"都是其最合适的墓志铭。

没有上帝的世界是可怕的。目前，我们的世界似乎就是这样，但这种状态不会一直持续下去。当此起彼伏的残忍和自私消失殆尽，自然神论的梦想或许就会实现，某种至高无上的意识或许就会为穷人伸张正义，为好人报仇雪恨。自然神论者说："事情变成如此，是因为它本该如此。"我们其他人则说："所以事情就将如此发展。"这种推论有它的道理；因为我们已经看到，某一天，道德意识的梦想很有可能成为现实。因此，可以设想一个总的意识，它包含了所有为善和完美做出贡献的其他意识，以及所有这些意识的过去。善的金字塔之所以矗立，正是因为人们付出了艰苦卓绝的努力。在塔的建设过程中，每一块石头都至关重要。建成哈夫拉金字塔的每一块石头，都是埃及劳工生命的延续。他们通过自己摆下的石块，成为永恒使命的协作者。每个人为理想之塔做出的贡献成为自己生命的一部分。人类的使命是善，那些为善的最终胜利做出贡献的人就会像星辰一样闪耀。即使有一天，我们发现地球仅仅是筑成某座更宏伟建筑的小小砾石，我们仍会像一颗贝壳，藏在用于建筑庙宇的岩块里面。从某种角度讲，这颗贝壳还活着，它已成为建筑的一部分。

欧多克索斯

您所说的不朽只是表面上的，并不会超越影响力层面的永恒，也并不意味着个体的永恒。今天，耶稣的影响力比他还只是一个默默无闻的加利利人的时候要强大得多，但他已经不在人世了。

泰奥克提斯特

他还活着。他依旧存在，甚至比以前更强大了。人在哪里有影响力，就在哪里活着。比起肉体，这生命对我们而言更加重要，因为我们能心甘情愿为了后者而牺牲前者。请注意，我所说的并不仅仅是在后人的信念、评论或回忆中继续存活的生命。这样活着是不够的；后人的品评太不公正。历史上最强大的人，都不愿意以这种方式继续活在人们的记忆里。帖木儿的名气比我们所知的更大；马可·奥勒留之所以有名，仅仅是因为他曾经做过皇帝，并且写下了《沉思录》。真正的影响力是深藏不露的。我并不是说对历史的总体评判是不正确的，但这种评判的确犯了比例上的错误。某个无名氏或许比亚历山大大帝还要伟大；某个一辈子默默无闻的女子，或许比最有才华的诗人更多情善感。我所说的，是通过影响力而继续存在的生命；或者按照神秘主义者的说法，是那些作为上帝而存在的生命。人的生命就像圆规的一脚，用自身的道德在无尽中留下痕迹。这条勾勒成上帝的弧，并不比上帝本身更具有目的性。只有在对上帝的回忆中，人才会不朽。绝对意识对上帝的评判，以及绝对意识关于上帝的记忆，才是正义者的真实生命，而这种生命是永恒的。或许，假定上帝拥有跟人类一样的意识，有人神同形说的嫌疑；但是在神学领域，使用拟人的表达方式是不可避免的。跟象征和隐喻比起来，拟人的表达法并非更糟糕。如果在这方面过分强调语言纯洁性的话，就没有任何词汇可以表达我们的想法了。

欧多克索斯

的确如此。但您并没有跟我们解释怎样才

能探讨无意识的真实存在。

泰奥克提斯特

意识可能是存在的一种次要形式。当我们把"意识"这个词用于一切，用于宇宙和上帝的时候，这个词就毫无意义了。意识意味着局限，意味着"我"和"非我"的对立，而这种对立本身就是对无限性的否认。只有思想能永存。物质是非常相对的东西，它并非真是它所呈现的那个样子。它是用于绘画的色彩，是用于雕刻的大理石，是用于刺绣的丝线。让已经存在过的事物再次存在，复制现实世界中已经存在过的东西，这些都是有可能的。认为这些事情有可能发生，就是一种信德行为，而信德本身是一种超验行为。注意，这种行为并非一定要与经验背道而驰。我们的希望难道过于自负？我们的祈祷是为了谋求私利？当然不是。我们并不祈求回报；我们只祈求存在，祈求知识，祈求探寻世界的秘密，祈求知晓人类的未来。我希望我们有权这样做。那些把生命当成责任，而不是当成享乐的人们，应该有这个权利。确切地说，我所祈求的并非不朽，而是两样东西：其一，我希望我对真和善做出的贡献不会白费，我并不要求获得酬劳，但我希望这些贡献能发挥作用；其二，我做的事情虽然渺小，但我还是很想让别人知道，我只想得到上帝的尊重。这并不过分吧？一个将死的士兵想了解战役的结果，想知道首领对他是否满意，这难道会遭到责难吗？

感觉，会随着感觉器官的停止而停止；果，也会随着因的消失而消失。大脑会腐烂，一般意义上的意识，没有一个能够持久。但是，存在于整体中的生命、这生命在整体中的位置、在总体意识中的那部分，都是永恒的，跟器官没有任何关系。意识与空间有关，并不是说意识存在于某个地点，而是说意识只能在某个有限的空间中进行感知。观念和空间之间没有这种关系，观念是纯粹的非物质，时间和死亡都不会对它产生任何影响。只有观念是永恒的，其他都终将消亡。就让我们这些可怜的牺牲品互相安慰吧！在我们的哭泣中，一个上帝将会诞生。

尤西弗罗

实证主义者会永远反对您的观点，他们对菲拉莱德和泰奥弗拉斯托斯阐述的一些观点也有异议。您认为宇宙和理念拥有意志，然而到目前为止，意志只能在有机生命体上观察到。没有任何证据能证明宇宙是一个有机生命体。它的神经在哪里？大脑在哪里？宇宙既无神经也无大脑，换句话说，它没有任何有机成分。人们还从未在类似的事物上观测到任何意识或感知。

泰奥克提斯特

您的论据足以证明天使和灵魂并不存在，但不足以否认宇宙中存在着一种隐秘的原动力。这种本能的冲动应该是某种独特的东西，某种基本规律，就如同运动本身。我们常把宇宙比作动物，这并不仅仅是隐喻。动物意味着物种，个体的多元，所以可能存在好几个宇宙！但是，无限的总体会产生某种普遍的渗漏。因为找不出更好的叫法，且实在难以脱离神人同形说的桎梏，我们就把它称作"意识"，而大自然的普遍事实似乎也证明着这种"意识"的存在。当然，大自然的一切都归于运动。但运动有起因，也有目的。这起因就是理念，这目的就是意识。

菲拉莱德

我时常想，如果世界的目的真的像您说的那样，是一场朝向科学的狂奔，那就不会有鲜花，不会有高歌的鸟儿，不会有欢乐，不会有春天。然而，这一切都真真切切地存在着。这就说明，上帝没有您想象的那般忙碌。上帝已经到来，他消遣嬉戏，享受一种既得状态。

欧多克索斯

比起您说的，我还要更进一步。我要求

宇宙中心存在一个固定点，一块思想之地，就像马勒伯朗士所希望的那样。每当我们想理解上帝和宇宙的关系以及人与无限的关系，我们总会提到这位伟大的思想家。请相信我，上帝的存在是绝对必要的。上帝将存在，且已经存在。作为现实，他将存在；作为理念，他已经存在。上帝既是"有"，也是"生"。只有已经存在的事物才能发展，如果事物本身并不存在，又何谈发展呢？若永恒的天父没有造物，那最初的深渊就将永远沉睡。"生"，必须先要"有"；运动，必须有动力。在轮子中心，毂是静止不动的。我们根深蒂固地认为，人和人性需要一个更高等的裁判者，而泰奥克提斯特很好地指出了只有一神论才符合这种观点。此外，如果运动从古至今一直存在，我们就难以理解世界不能达到静止、均一和完美的状态。解释平衡为什么还未达到，并不比解释平衡怎样被打破要容易。如果我们昨天谈到的射手一直不停地射击，他应该就已经击中目标了。

尤西弗罗

这里就涉及康德的二律背反，涉及人类思想的漩涡。在这漩涡中，我们从一个矛盾颠簸到另一个矛盾。我们应该停下来了。理智和语言只适用于有限的事物。用它们来描述无限，就好比试图用一支普通温度计来测量太阳或地心的温度。我们眼见之事物的发展，不过相当于一颗原子而已。我们以为自己见证了绝对和无限，其实却混淆了前景和背景。我们犯下了跟破译赫库兰尼姆古城的莎草纸时一样的错误。不同的纸页相互渗透，某一页上的字母，实际上并不属于那一页，而是来自于十页之后。

欧多克索斯

让我们感谢泰奥克提斯特跟我们说了他所有的幻想。"教士就是这样说话的，但措辞却不尽相同。"只有肤浅的头脑能逃离这些问题的困扰。他们把自己关在洞穴里，面朝黄土，拒看天空。这些人应该会对遥望大海的哥伦布说："可怜的疯子，你很清楚海那边什么也没有。"

菲拉莱德

几年后，如果我们还健在，如果这世界上还有什么东西存在，我们就可以继续讨论这些问题，看看我们思考宇宙的方式有什么改变。多么遗憾啊，现实并不是康提普雷[①]的传说；几年后，倘若我们中有人逝去，他也没办法回到我们身边，给我们讲讲死后的事情!

欧多克索斯

我想，死人在这方面的证词微不足道。就像寓言里说的那样："（别听先知的话）如果有人死而复生，连他们也不会信的。"在道德方面，每个人都是通过询问自己的内心来找到自己坚信不疑的答案。

---

① 托马斯·康提普雷(1201—1272)，中世纪罗马天主教作家、传教士和神学家。

哲学意识自省

1888年9月

一

　　诚实之人的首要职责，就是不要左右自己的观点，要像用显影液冲洗胶卷一般实事求是地反映现实，并像旁观者一样冷静地面对脑海中各种矛盾的想法。每个人的头脑里时刻都有各种念头一闪而过，这种过程是无意识的，我们不应加以干涉，而是应该保持被动。这并不是因为无意识进化的结果无关紧要，而是因为当理性发声时，我们不应该有任何欲望。只需要倾听理性的声音，任凭各种美妙的论据把我们带到该去的地方。真理的产生是一种客观现象，与你我无关，它在我们身上发生，但并不需要我们参与其中。这一过程就像某种化学沉淀，我们只是好奇的旁观者。我们应该经常停下来想一想自己思考世界的方式发生了什么转变，思考一下在从可能性到确定性的范围内，我们一生中最基本的主张有了怎样的变化。

有一件事情不容置疑，那就是在人类经验可触及的宇宙中，我们观察不到任何高于人类的意志。至少从表面上看，世界的总体构成充满了意图，而在细节上却恰恰相反。不管是天使、能人①、神灵，还是依照特殊意志行动的上帝，我们赋予他们的意图都没有任何真实性。在这个时代，我们还从未观察到类似的事情。如果严肃看待历史文本，我们也许会相信这样的事情曾经发生过；但是，经过考证，我们发现这些叙述并不可信。如果在过去的某个时代，特殊意志曾经是主宰世界的法则，那么今天的我们必然会看到这一法则的某些残留。然而，当前的世界并没有表现出任何受外

① 原文为拉丁语daimone。

部行动影响的痕迹。世界就像一条长链，一环扣一环，我们看不到它的开端；我们没有发现任何在人类或生物出现之前存在的自由行为。自人类起源以来，有一种自由的动因将大自然的力量用于有意识的目的；但这一动因本身就来自于大自然，它是大自然意识的觉醒。从未有一种更高级的力量干涉世界，修正或引导盲目的大自然，从而启发或改善人类、阻止不幸、预防不公，或是执行某个既定的计划。我们将世界这一绝对精准的特点称为物质，这一特点就足以推翻意图这一想法。由于缺乏几何学，或由于不精确的事物，意向性几乎总是会露出马脚。

我们可以通过实验证明，前文提到的观点完全适用于地球。地球的历史已经广为人知，如果它拥有特殊意志，肯定早已被人察觉。我们可以毫不犹豫地推及太阳乃至整个太阳系，这两者跟我们一起构成了一个小宇宙。我们甚至还可以将此理论推及整个恒星系，透过透明的大气和空间，地球上的居民可以看见它。[①]
虽然这些星星距离遥远，超出了我们的想象，
但我们还是可以发现，它们的物理、机械和化
学构造跟太阳系是一样的。它们无疑也像太阳
系一样，遵循着自己的发展法则。如果有人
想推翻这一观点，那就得提出反证。原则是，
若没有任何迹象表明某一事物存在，我们就不
能认为该事物有存在的可能。即使最微不足道
的迹象，也应受到科学的重视，但是，毫无根
据的主张不需要被反驳。正如拉丁谚语所说：
"一个没有证据的论断，可以被无证据地否
定。"

　　同样，我们既没有在头顶上的星空中发
现任何为了明确目的而行动的智慧生命，也没
有在脚下的大地里察觉到类似的存在。蚂蚁虽
小，但它比马还要聪明。如果有极其聪明的微
生物，我们就一定能从它们深思熟虑的行动中

---

① 这也是我将在这篇文章中称为"宇宙"的东西。——原注

意识到它们的存在。这些小生命几乎是所有疾病的起因，它们行动所及的范围是如此之小，只有用高级的科学工具才能观察到。目前，它们的行动还是会被人与化学及机械的力量相混淆。根据我们相当狭隘的经验，智慧似乎仅存在于有限的世界中；这一世界的上面和下面，只有蒙昧。

由此，我们便可以提出这一论点：通过内在发展、不受外部干预的演变，是我们所能感知之宇宙的法则。无数次的尝试，导致一切都会发生，让那些偶然达成的目的仿佛是由特殊的意志所驱使。人类可进行实验的宇宙，并不由任何理性支配。民众口中的上帝并没有出现。问题在于，这个宇宙之外，是否还有其他存在？疑问就由此产生。既然我们所在的宇宙中没有上帝，那在这个宇宙之外，上帝是否存在？首先，这个宇宙是无限的吗？晴朗夜空中的星辰，是否无边无际？怎样能确定空间中就没有那样一个地方，从一边看是无垠的星空，从另一边看却是无尽的黑暗？毫无疑问，我们身处的宇宙广阔无比。但跟无限比起来，万万亿又算得上什么呢？

　　假设拥有无数恒星的空间是无限的，我们是否就能由此断定，并不存在其他更高级或更低级的无限空间呢？无穷小的计算只能在公式里成立，而这些公式拥有惊人的象征意义。无限有各种等级，跟高等的无限比起来，低等的无限就是零。这一明显的悖论，为下文中绝对正确的计算提供了基础：所有有限的量，无论是跟无限做加法还是做减法，都等同于零；所有有限的量跟无限比起来，都不值一提。我们对空间和时间的观念都是相对的。根据人类的测量标准，地球与天狼星之间的距离是极大的。而对于那些拥有另一种测量标准的生物而言，一个分子内部的空隙也是如此巨大。在神的眼中，地球的寿命可能只跟一天一样长。因此，一切仿佛都由这样的世界组成。世界与世界之间几乎并不知道对方的存在；对于每个世界的居民而言，自身所处的世界就是无限。即使是最了解法国的人，也无从知晓外省的几千个市中心里在发生什么；而那些了解某一个市中心的人，看不到中心之外发生的任何事情。每个中心又由更小的中心构成，每个中心的居民都只能看到自己的小天地。世界中包含着世界；一个人的无限小，对于另一个人而言却是无限大。这就是真理。我们的现实，即我们所处的对我们自身而言是有限的现实，是由更低等级的无限所组成的；而它本身也为创造更高等的无限而服务。它处于两个无限之间；对于下面的生命而言，它无限大；对于上面的生命而言，它又无限小。

我们几乎看不到更高级的无限，但是低于我们的无限，比如原子、细胞和微生物的世界，跟有限世界一样确定无疑地存在着，是我们研究和思考的惯常主体。记忆中的影像，那些我们可以随时重温的无数张小图片，存在于我们头脑中一个非常有限的空间里。同一代

人，相互包围自我封闭，像花苞一样一个套一
个，是空间无限灵活性或空间相对性的另一个
例子。①原子可以包含一个无限的世界。壁炉
里燃烧着的煤炭由许多小世界组成，它们被我
们的世界利用；我们或许是维持另一个世界热
量的碳原子。在这个宇宙中，我们看不见上
帝，无神论是合理且必然的。但这个宇宙或许
隶属于另一个宇宙；我们之所以成为无神论
者，或许是因为看得不够远。无尽的圆圈相
套，它们是否相互支配？一个固定且静止的绝
对点是否包含着变化与运动的无限区域，就像
《圣经》里所说的"只有你永不改变，你的年
数也没有穷尽"？我们无从知晓。

　　正是在原子跟宇宙的比较中，无穷小的
推论才有了合理的应用。跟我们周围世界的数
量级比起来，原子是无穷小的，是零。而相较
更低的数量级，原子则是无穷大的。对于我们

---

① 从这个方面考虑，现代几何学关于空间不止有三维的思
考或许有一定的真实性。——原注

而言，原子是一个坚实的点。一些人认为原子是实心的固体，想认为它多小它就有多小，这种观点应该被摈弃，因为大自然中并不存在不可分割的实体。尽管天体之间看上去有巨大的空隙，但实际上，宇宙是非常拥挤且难以穿透的。假设一支箭以无限大的力射向宇宙的边界，虽然宇宙表面看起来稀稀拉拉，但这支箭并不会穿透宇宙，因为它会遇到无数天体，被它们阻断去路，就好比一颗子弹不可能不受阻拦而穿过云层一样。

比如单质金，我们可以把它的原子想象成一个宇宙。这个宇宙的不同组成部分并不会构成一个实心的固体，而是相距甚远，就像太阳系内不同中心之间离得很远一样。原子之所以不可穿透，是因为它内在的不变性；到目前，还没有任何一种自然或科学的方法能触及到它。单质的无懈可击性，类似宇宙的稳定性，或者更确切地说，类似宇宙中特殊意志的缺乏。在这个世界中，我们观察不到任何改变事物秩序的外在

干预。所以，到目前为止，没有化学家能成功
毁灭组成一颗原子的无穷的原始力。

　　因此，"我们所见的宇宙是永恒的"以
及"原子是永恒的"这些说法都不确切。原子
作为一个已经开始的现象，它必将终结；我们
的宇宙也是一样。从未开始且永不终结的，是
绝对的整体，是上帝。形而上学是一门只有一
行内容的科学："某些东西存在，所以某些东
西已经存在了很久。"这一论断等同于"没有
无因之果"，的确具有一些实验性。但是，在
这种原始的存在和我们所能看到的世界之间，
有着无穷无尽的间隔。我们所见的世界和原子
或许已经存在了万万亿年；或者，换句话说，
万万亿年以来，没有任何一种特殊意志触及我
们的宇宙或这一原子。鉴于人类的想象力无法
理解"无限"和"无定限"之间的区别，这就
足够让我们得出确切结论了。在十亿分之九亿
九千九百九十九万九千九百九十九和确定性之
间，我们不做区分。归纳之："太阳今天升起

来了，它明天也会升起。"这种确信给了我们充分的安全感，而人类的生活正是构建在这种"差不多"的概率上。据我们所知，大自然的法则从未被违反过。这一事实为人类的生活进一步提供了坚实而稳固的基础。

但是，假设一件事从未发生过，或者至少在很长一段时间内都没有发生过，我们是否就能以此推论这件事情永远不会发生呢？我们身处的世界，或许是某种更高等生命的游戏，又或是一位掌握着生命终极奥秘的学者的实验。某一天，是否会有一位天才的化学家成功分解或消灭原子呢？在这一天之前，那些可能存在于这颗原子①中的居民还会说："世界是持久而永恒的。"直到发现真相的那一刻，他们才会承认自己的错误。同样，某一天，一种更高

———————

① 原子并不比宇宙更有意识；至少没有任何证据可以证明这一点。从整体上看并无意识的宇宙，其实包含着意识，比如人类的意识，而这些意识并不能在整体上表现出来。原子也是一样。在它极其微小的内部，或许也隐藏着一些无法在整体上表现出来的意识。——原注

级的存在或许会破坏宇宙的稳定法则，而毫不
在意那些存在于这个宇宙中的生命，就好比人
们在和稀泥时不会考虑泥土里生活的小虫子一
样。不需要精通化学就可以想象，有这样一颗
原子遗失在花岗岩块中，这些花岗岩块形成了
河岸的地层结构，而这颗原子已经存在了几千
个世纪。假设原子里居住着会思考的存在，他
们就会认为自己的世界——对于人类而言是
如此之小，对他们而言却是如此之大——是
穿不透的，无穷的，独立且自给自足的。然
而，他们错了。从我写作的房间可以看到布列
塔尼海岸①。在我小时候，那里曾经有一座叫
格兰德岛的岛屿，现在几乎消失了。导致格兰
德岛消失的人是奥斯曼，因为组成这座岛屿的
花岗岩块，现在成了在第二帝国时期建造的巴
黎大道。地动山摇的时候，生活在岩块里亿万
个小世界中的居民应该无比吃惊；而对于人类
而言，他们就仿佛隐藏在一种绝对的阴影中，

---

① 法国北部滨海省罗斯马帕蒙。

不被我们知晓。只有位于裂痕边缘的花岗岩里的小宇宙才会察觉到什么。漫步巴黎街头的人们，并不知道脚下有几百万个宇宙正在沉睡；这些小小世界的居民还跟之前一样，心安理得地认为自己的世界是独立的。只有当这些岩块沦为铺路的碎石之时，他们才会醒悟。

发生在金原子上或是格兰德岛花岗岩上的事情，很可能也会在人类所居住的宇宙上发生。有一天，某个上帝可能会出现。只要我们假定宇宙隶属一个无限体的有限体，它的永恒性就不再有保障。更高级的无限可以支配这一宇宙，利用它完成自己的目的。"大自然及其创造者"这一说法，或许并没有看上去那么荒谬。一切皆有可能，甚至是上帝的存在。人类所了解的宇宙史，并不能给我们任何理由来作类似的假设。或许的确如此。但是，在察觉到人类存在之前，格兰德岛花岗岩中小小世界里的居民也是这样想的。上帝没有在我们能观测到的世界里出现，并不能说明他就不会在无尽的时间里出现。人没有看错，正如主观怀疑者所假设的那样；但人的视野是有局限的。人类的宇宙的确广阔而古老，在 $\infty + a$ 这个公式里，人类的宇宙相当于 a。而在这种情况下，$a = 0$。

因此，除了我们已知的宇宙（有限的还是无限的，这不重要），存在另一种无限就并非不可能。对于那个无限而言，我们的宇宙只相当于一颗原子。在我们看来，那个无限就是上帝。[①]他现身的时间间隔对我们而言极其漫长，对绝对而言却短如一瞬。以这种观点推论，拥有特殊意志的上帝是有可能存在的；他并不会出现在我们的宇宙中，但有可能存在于无限中。拒绝他的存在和肯定他的存在都是轻率的。

---

① 这是相对意义上的。一个无限超越人类且通过特殊的有意行为让人察觉到它的存在，对于我们来说就是上帝，正如人是动物的上帝一样。——原注

二

地球所产生的无数个体意识，其他行星、恒星和宇宙所产生的无数个体意识，看上去确实像是应该一直被封装在它们所属的那个世界中。正如某些神学家所想象的那样，这些意识的复活将是一个奇迹。对他们来说，人类灵魂的不朽并不是因为灵魂本质上是不朽的，而是因为上帝拥有特殊意志。在我们进行实验的环境中，并没有任何奇迹发生。但是，从无限的角度讲，没有什么是不可能的。奇怪的是，从未相信灵魂不朽的犹太人，却对来世报应这一概念的传播做出了巨大贡献。他们相信上帝的王国和上帝的复活，形成了类似的想象，认为神的正义是间接的，正义的苏醒是上帝直接创造的奇迹。这些肯定比《斐多篇》里的诡辩更有价值。未来的无限性消解了很多难题。如果上帝存在，上帝就一定会是仁慈的，且最终是正义的。因此，人在无限中将是不朽的。人类生活的两大公设，即上帝的存在和灵魂的不朽，在我们所居住的有限体中或许毫无依据；但在趋向无限的世界中，它们很有可能是确定无疑的。

实际上，时间只以一种完全相对的方式存在，亿万年的长眠并不比一小时的小憩要长多少。今天，天堂并不存在；亿万年后，天堂或许就会存在。被迟来的末日审判重新放入天堂的人，会以为自己前一天刚死。就像中世纪的传说中所讲的那样，抚摸他们临终前睡过的床，发现还是热的。存在过，就是存在。连续性是精神的绝对条件，但在客体中，连续性和同时性常常被混淆。从这种角度看，一束烟火就是永恒的。我五岁的孙子在农村玩得很高兴，每天都迟迟不愿睡觉。他问母亲："妈妈，今天的夜会很长吗？"在死亡面前，当我们自问这一夜是否会很长的时候，我们并不比他更聪明。

这是个巨大的迷。我们清晰地感受到来自

另一个世界的声音，但是我们并不知道那是个
什么世界。这声音跟我们说了什么？我们听得
非常清楚。这声音来自哪里？我们一无所知。
这声音就像小精灵的歌曲，稍纵即逝，飘渺不
定。它穿过无尽的诱惑和欢愉，向我们灌输着
忠诚、责任、勇气和美。当我们明知失算，也
纵身投入爱情、宗教、诗歌和美德这人类四大
疯狂的时候，那声音在这崇高的荒谬中显得尤
为清晰。虽然在自私者看来，这些东西毫无用
途，但它们还是支配着这个世界。只有在倾听
这神圣的声音时，我们才会真正听见天体和谐
的声音，那是无限的音乐。"五官之力有所不
及，应有信德来补充。"

　　统治着所有创造的本能，似乎是听命于一
个崇高的意志；在这些富有启示性的伟大本能
中，爱是最重要的。它的杰出之处，在于所有
生命都参与其中，且我们可以明显看到它与宇
宙目的之间的联系。爱的第一个巢穴——细胞
似乎应该是生命的起源。性别二元性的产生为

爱指定了不再改变的方向，并形成了不可思议的产物。两性之间的不协调，在某种高度上聚集在一起，形成了一曲神圣的交响。创生这一完美的和弦就由此而生，这就是世界的根本法则。在植物界，这些神秘的渴望表现为花朵。花，这独一无二的难题，粗心大意的人们在它面前并不会停下脚步——这是多么愚蠢！花，这壮丽迷人却无比神秘的语言，就像是大地对看不见的情人的献礼。被人们忽视的小花，实际上跟大花一样完美。大自然赋予了这两朵花同样的娇艳，这两朵花反映着同一个存在。

在动物界，花的对等物是儿童的欢乐，是年轻女子的美丽；这晨曦般的光芒，萤火般的闪烁，显示出渴望成长的生命巨大的热情。就像花一样，美是客观的，个人的努力在美的行程中不起任何作用。美诞生，存在一段时间，然后消失，就像一种自然现象。整个大自然本身就是一朵充满和谐的大花。在这朵花中，我们找不到构图上的任何错误。我们常说，人类为这朵花注入了和谐。那么，人类又为什么如此经常地破坏大自然呢？在被人们改造之前，大自然是美的；在这个曾经完美无瑕的天堂里，荒谬、笨拙、糟糕的品位、不和谐的颜色、粗俗、丑陋、肮脏，都随着人的干预而出现。

在动物中，爱曾经是美的本源。正因为雄鸟试图讨雌鸟喜欢，它的颜色才会变得更加鲜艳，身型才会变得更加优美。在人类当中，爱曾经是培养体贴和殷勤的学校，我补充一句，它也是宗教和道德的学校。在爱的感化下，最恶毒的人也有了温存的举动，最狭隘的人也感受到了自己跟宇宙精神相通。这样的时刻一定无比神圣，因为人们此刻听到了大自然的声音，在大自然中缔结了高尚的责任，进行了神圣的宣誓，感受到了至高无上的喜悦或刻骨铭心的悔恨。总之，在人短暂的一生中，这是他最崇高的时刻。当他从某种程度上超越自身，如潮水般奔涌而来的情感表明，他真正接触到了无限。因此，以一种高尚的方式来理解，爱是一种具有宗教意义的东西，或者更准确地说，是宗教的一部分。轻浮和愚蠢竟然让人们把与大自然的这点古老的关联当作兽性的残余，这简直让人难以置信！延续后代这一无比神圣的目的怎么能跟罪恶或荒谬的行为联系在一起呢？这样做，就是把可笑的意图强加于上帝。

　　爱的严肃特性已经被轻佻所泯灭。责任当然更加高尚，因为责任并不伴有任何乐趣，并经常导致严酷的牺牲。即便如此，人们还是坚持信守责任，正如他们坚持信守爱一样。让人们知道奉献的理由，他们是会感谢你的；向他们证明责任的存在，就好比为他们找回贵族头衔。教唆他们抛弃责任是不妥的。在动物抚养后代的过程中，许多事实表明，即使是表面上看上去最自私的意识，也知晓牺牲的必要性。这一事实证明，很少有生命会逃避大自然的戒律，即使它们对这些戒律毫不关心。促使鸟类筑巢、孵卵的责任和本能，拥有同样的神圣本源。即使是最粗鄙的生命，他们为上帝所做出的那一部分工作也是伟大的。即便是最卑微的生命，也想让自己更公正，而不是更不公正。每天，地球上的所有生命都在崇敬着，祈祷着，却并不自知。

这些时而温柔、时而严厉的声音来自哪里呢？它们来自宇宙，或者，换句话说，来自上帝。我们与宇宙相连，就像母亲与婴儿由脐带相连一样。宇宙想要忠诚、责任和美德，为了达到目的，它利用宗教、诗歌、爱、欢愉以及所有欺瞒。宇宙总能把自己想要的东西强加于我们，它拥有难以置信的花招和诡计。最明显的论证也无法推翻这些神圣的幻想。尤其是女人，她们总会抵抗；我们说尽甜言蜜语，她们也不会相信，而我们还乐在其中。独立存在于我们身上且不以我们的意志为转移的无意识，就是一个范例。无论是囊括了人类道德需求的宗教还是美德，抑或廉耻、无私、奉献，都是宇宙的声音。这一切都归结为对本能的信仰，它纠缠着我们却无法说服我们；归结为对一种语言的服从，它来自无限，发号命令时无比清晰，做出承诺时却又无比模糊。我们发现了这种魔法，揭穿了它，但它却永远都不会因此而中断。"谁将智慧放在怀中？"

从整个宇宙的这种至高无上的合力中，我们只能总结出一件事，那就是这种合力是好的。因为如果它不好的话，整个亘古存在的宇宙就会自我毁灭。假设有一家永久存在的银行，如果它的根基有任何缺陷，它肯定已经破产了一千次了。如果世界的资产报表没有结清给股东的利润，这世界早就不存在了。在善和恶之间的平衡中，产生了一种利益，一种盈余。这种盈余是宇宙存在的理由，也是它继续存在的原因。如果存在毫无益处，那为何还要存在？跟存在比起来，不存在要简单得多！

有些学者指出了大自然的不完美之处，比如人体的某些缺陷，某块肌肉很没有力量，某

只眼睛视力不佳，以此来驳斥目的论，我认为
这种做法是很肤浅的。他们忘了造物的条件，
如果可以这样说的话，受到相互矛盾的有利和
不利之间的平衡的限制。就好比一条弧线，它
的形状和方向由坐标所决定，而这些坐标早已
在某个抽象的方程中写好了。更有力的前臂或
许会让我们看起来像鹈鹕，而修正了目前人类
眼球缺陷的"眼睛"，或许会让我们陷入其他
更严重的麻烦。人造大脑或许比人类的大脑更
加强大，但它们也许会导致堵塞或发烧。相
反，一个从来都不生病的人，很可能一场小病
就无可救药。一个不再具有革命性、不再被乌
托邦折磨的人类，会像一个蚁巢，或像自以为
已臻完美的中国一样固步自封。不再迷信的人
类，将成为实证主义的信徒。然而，大自然拥
有某种先见之明，不会创造出那些将因严重的
内在缺陷而死去的事物，而是会预先猜测到死
胡同，然后绕道走开。

人体上的某些缺陷，就像历史遗留的恶

习，进化的过程并没有足够的兴趣去革除它。然而，当缺陷严重到能够杀死个体、灭绝物种的程度，一场生死搏斗就开始了：要么这一致命缺陷被修正，要么物种灭绝。但是当某种缺陷（比如盲肠无用的延伸部分）只导致一些疾病或一些死亡，大自然就不认为有必要为这一点小事大动干戈。因此，在一个社会中，根除大恶习比改正小恶习要容易；因为第一种情况关系到生死，而在第二种情况中，没人有足够的兴趣进行彻底的改革。从根本上讲，那些反对目的论复活的学者，他们针对的其实是深思熟虑而全知全能的造物主的体系，而不是我们对内在欲求的假设。这种内在欲求在任何一个空间里，都在生命的低谷盲目奋争，促使一切存在发生。这种欲求既不是有意识的，也不是全能的，它从自身拥有的材料中提取最好的部分，并加以利用。因此，它并没有创造出绝对对称和完美的事物是很自然的。我们所见的那部分宇宙有局限，也有空白。鉴于大自然的生产力在某一时点上所拥有的材料可能不足，这些局限和空白也是很自然的。或许有一天，那作用于整个宇宙的欲求会拥有意识，变得全知全能。到那个时候，就可能会出现一种意识，但现在还没有任何东西能够告诉我们它会是什么样子。

至少对地球而言，中世纪时整个世界的最高成就，曾是一群教士合唱的赞美诗。今天的科学回应着世界对认识自我的渴望，达到了更好的效果。法兰西学院比加尔都西会最完美的修道院还要强大。未来也许还会带来更美好的成就。在无限的未来，当绝对存在达到它进化的顶点，并完全认识自己的时候，或许会实现基督教神秘主义信徒那些美丽诗句描写的状态。

Illic secum habitans in penetratibus,

Se rex ipse suo contuitu beat.[1]

---

[1] 拉丁语，意为"在绝对的孤独中，王怡然自得"。

三

上帝和不朽，宗教的这两大根本教义，虽然仍然无法论证，但我们并不能说它们是绝对不可能的。人类为拯救这两大教义而做出的努力，不应该被贬斥为纯粹的空想。宇宙的普遍意识、世界的灵魂，这些都是未经实验证实的事情；但是，我们身上某根骨头里的分子也不会想到它所组成的身体拥有意识，不会想到它组成了我们的整体。

在宗教面前，思想家最合乎逻辑的态度就是假定宗教是真的。必须假装上帝和灵魂是存在的。宗教就这样进入了各种各样的假说，比如以太、电流体、光流体、热流体、神经流体，甚至原子本身。我们很清楚这些都只是象征，只是解释自然现象的便利方式，但还是保留了它们。上帝依照人们无法理解的盘算创造了世界，这样说好像很粗浅，但事物的行为方式仿佛证明这种说法是有道理的。灵魂并不是一种可以跟肉体分开而存在的物质，但是事物发展所依照的方式就仿佛灵魂的确存在一样。人类没有一个家庭听到过超自然的神启，但神的启示作为一种隐喻，宗教史却很难舍弃它。承诺给人们的永恒天堂并不存在，但还是得做得就像它是真的存在一样。不信天堂的人必须比相信天堂的人更善良，更忘我。

　　我们习惯把上帝和不朽这些安慰人的教义解释成人类道德生活的公设。当然，我们在很多方面都是有道理的。为上帝行动，知道人在做天在看，是高尚生活的必要观念。我们并不要求酬劳，但我们想要一位见证者。雷什奥芬①重骑兵最高的奖赏，就是老皇帝的一句话："啊！你们真勇敢！"②我们想要的，无

① 法国地名，在阿尔萨斯地区。
② 当时，老皇帝自己并没有说这句话，至少在文中提及的情况下并未说过。一位参加过这些英勇战役的军人曾经给我写过一封信，向我证明广为流传的版本并不准确，他说得非常有道理。但此处引用这句话，只是为了表达我的思想，因此我不认为有必要纠结于这个问题。——原注

非是类似的一句话。默默无闻的牺牲、未被赏识的美德、人类裁判不可避免的错误、历史上那些无从申辩的污蔑，这些都必然导致被宿命所压迫的意识呼唤宇宙意识。这是道德高尚之人绝不会放弃的权力。在大革命那个英雄辈出的年代，所有派别几乎都提到了灵魂之不朽的必要性。那时候的人们费心写回忆录，或是留下纸质文件，都是一样的道理。他们写啊写，坚信必有后人会读。人们无论如何都想要一个盖棺定论的审判者，他们向世界的意识或是人类的意识祈求这个审判者的到来。人类就此陷入了一条古怪的死胡同。人越是思考，就越是认识到上帝和不朽的道德必要性，因此也就越清楚地认识到自己坚信有必要的教条所面临的难题。

　　这些难题是最严峻的，不应该视而不见。古老的宗教思想建立在几千年前的狭隘概念之上，那时候，人们还认为地球和人类是这个世界的中心——一颗小小的星球，上面居住着数量有限的居民，一小片天空置于地球之上，就像穹顶一般。那时的人们以为极乐岛位于西边，死去的人会划船前往；他们以为有一座天堂，可一点点科学思考就能把这个天堂捅破。这就是一个留着大白胡子的上帝能轻易放入他长袍的皱褶中的世界。宁录向天空射出他的箭，这些箭染上了鲜血，又朝他射回来。我们射了也枉然，箭是不会再回来的。到了十六世纪，人们对世界有了更加深刻的理解，人类中心论被科学推翻，人类思想史迎来了最重要的时刻。阿里斯塔克斯曾因在这方面有一些粗浅的认识而被认为亵渎宗教。教会对哥白尼、布鲁诺、伽利略这些新秩序缔造者的狂怒一直存在。它曾经统治的小小世界，以及它那些仅限于地球的教义，已经被不可修复地打破了。通过向人们展示无穷的过去，那些关于大自然各阶段和全球革命的更现代的观点，也以更令人信服的方式取得了同样的效果。

我们不会重建古老的梦。如果狭隘的盲信

是世界的法则，错误是人类道德的条件，那就没有任何理由再去关心一个注定愚昧无知的地球。我们爱人道主义，因为它产生科学；我们珍视道德，因为只有诚实的民族才能孕育科学家。如果我们假定人类需要无知，那就没有任何理由再来珍惜人类的存在。反动分子所呼唤的人类是如此卑微，我情愿让它在混乱和道德败坏中灭亡或在愚蠢中死去。重犯那些被认为对维护道德必不可少的古老错误，将比整个人类的堕落还要糟糕。

因此，我们应该明确表明自己的观点，且在对宇宙的看法中，避免像外省人一样滑稽可笑。这些外省人看不到自己家乡以外的任何事物，以为所有人都关心他们的事情，国王天天就操心他们的小城镇，甚至上帝都对这小城里的各种敌对团伙有自己的看法。人类之于世界，就好比蚁穴之于森林。对于森林的历史而言，一个蚁穴内部的革命，它的兴衰毁灭都是次要的事情。不管人类最终会不会因为缺乏知识或道德而堕落，是否会背弃他的使命和职责，类似的事情已经在宇宙的历史中发生过千百次了。因此，我们要保持警惕，不能相信自己提出的公设就是衡量真实性的标准。大自然并没有义务屈从于我们微不足道的行为准则。对于人的这句宣言——"如果没有这种或那种幻想，我就不可能成为一个道德高尚的人"，上帝有权这样回答："那你们活该。你们的幻想是不可能强迫我改变天命之秩序的。"

更能削弱这一既定推论的，就是在人类的公设中，有很多显然是不可能的。必须注意到，大部分人类所公设的神实际上都不是处于无限中的神，而只有在无限中，我们才能承认神是有可能存在的。处于无限中的神太遥远了，虔诚的信仰无法缚住他。民众想要的，是一个肯定不存在的神，一个管晴雨的神，管战争与和平的神，管人之间相互嫉妒的神，一个只要纠缠到底就能改变其心意的神。换句话说，人想要一个专门为人服务的神，一个关心人与人之间纷争的神，一个专管地球的神，就像没落中的异教幻想的地方神一样。每个国家都痴心妄想，想要一位自己的神。

设一个供人崇拜的对象就更好了；如果让人们随着自己的意愿祈祷，他们会为国家的圣物和圣像祈求权利。这些公设，人们根本不会去理会！人们需要一个跟自己所处的星球、时代和国家相配套的神，这个神是不是因此就存在呢？人需要个体的不朽，这种不朽是不是就因此存在呢？换言之，从属于一个无穷的世界，人对这一事实是绝望的；在这样一个世界里，他就等同于零。一个由亿万个生命组成的天堂，跟人们所熟悉的小天堂完全不同；在人们想象中的小天堂里，周围都是熟人，亲戚朋友还会继续串门，说人闲话，一起搞诡计。他们非得让上帝贬低世界，证明哥白尼是错的，把人类带回到比萨墓园的宇宙，这宇宙被九个天使唱诗班环绕，被基督拥入怀中。

由此，我们得出了这个奇怪的结论：初看起来，不朽是最有必要的教义，但事实证明，它是最弱的。我们就像蚂蚁或蜜蜂，出于本能，为看不到其影响的共同事业而劳作。如果蜜蜂从人类的书本中读到人们会盗取它们的蜂蜜，并在它们倾尽一生辛勤劳作之后杀死它们，它们就不会再为人类劳动了。虽然是为他人做嫁衣裳，但人们还是会继续劳作下去。我们既看不见高于我们的存在，也看不见低于我们的存在。一个比我聪明的人跟我说，我们是在"排着长队传递物品"。神的旨意是晦涩难懂的。我们就是那一百万个在金字塔下劳作的劳工之一。我们的成果，就是金字塔本身。这一作品并没有署上我们的名字，但它持久，每一位劳工的生命都在它身上延续。就像工厂里的工人一样，我们要求加入宇宙的事业中，获取它的利益，至少知道自己劳作的成果，哪怕只了解一丁点——这种要求并不过分。然而，我们做着苦工，却分不到任何红利，也不知道是否有红利，我们拿到的工钱也少得可怜。其他人会罢工，我们却还是继续劳作。

　　总之，宇宙中存在更高级意识的可能性比个人不朽的可能性要大得多。在这最后一点上，除了假设存在着伟人的善意之外，我们的期望并没有其他的依据。对这个高级存在而言，一切皆有可能。让我们期望到那个时候，它会希望自己公正，会回报那些为善的最终胜利做出贡献的人以爱和生命。那将是一个奇迹。但是这种奇迹，也就是说一个更高级存在对我们所处世界的干预，到目前为止并没有出现过。有一天，当上帝拥有意识的时候，这种干预就会成为宇宙的常规制度。犹太基督教徒曾梦想，上帝的统治将在人类之后出现；在今天看来，这种看法还保留着它崇高的真实性。目前被盲目或无力的意识所统治的世界，有一天将可能被一种会思考的意识所统治。到那时，所有的不公正都将被弥补，所有的眼泪都将被擦干。"上帝将擦干他们眼中的所有泪水。"

在我看来，产珍珠的牡蛎是宇宙以及总的来说应该是最高意识的绝佳比喻。在海洋的深渊底部，黑暗的萌芽创造出一种意识；它所能利用的器官极其虚弱，但在达到目的这方面却出奇地精明老练。在牡蛎的小小宇宙中，我们称之为病的那部分却分泌出完美的珍珠，人们认为它贵如千金。宇宙的普遍生命就像牡蛎，它是模糊的、晦涩的、受到束缚的，因此是缓慢的。痛苦创造了精神，创造了智力活动和道德活动。换句话说，世界的病，实际上就是这世界的珍珠。人的精神就是这珍珠，它是目的，是最终的动因，最后的结果，当然也是这宇宙中最灿烂的成就。如果此后宇宙中还有合力，那么这些合力很有可能远远高于我们的所知。